한 권으로
계산
끝

한 권으로 계산 끝 ❿

지은이 차길영
펴낸이 임상진
펴낸곳 (주)넥서스

초판 1쇄 발행 2019년 11월 15일
초판 4쇄 발행 2024년 6월 5일

출판신고 1992년 4월 3일 제311-2002-2호
10880 경기도 파주시 지목로 5
Tel (02)330-5500 Fax (02)330-5555

ISBN 979-11-6165-656-4 (64410)
        979-11-6165-646-5 (SET)

가격은 뒤표지에 있습니다.
잘못 만들어진 책은 구입처에서 바꾸어 드립니다.

www.nexusbook.com
www.nexusEDU.kr/math

문제풀이 속도와 정확성을 향상시키는
초등 연산 프로그램

계산력 + 두뇌회전
UP!

한 권으로 계산 끝

수학의 마술사 **차길영** 지음

10

초등수학
5학년 과정

넥서스에듀

혹시 여러분, 이런 학생은 아닌가요?

문제를 풀면 다 맞긴 하는데 시간이
너무 오래 걸려요.

341+726

한 자리 숫자는 자신이 있는데
숫자가 커지면 당황해요.

덧셈과 뺄셈은 어렵지 않은데
곱셈과 나눗셈은 무서워요.

계산할 때 자꾸
손가락을 써요.

문제는 빨리 푸는데
채점하면 비가 내려요.

이제 계산 끝이면, 실수 끝! 오답 끝! 걱정 끝!

왜 〈한 권으로 계산 끝〉으로 시작해야 하나요?

수학의 기본은 계산입니다.

계산력이 약한 학생들은 잦은 실수와 문제풀이 시간 부족으로 수학에 대한 흥미를 잃으며 수학을 점점 멀리하게 되는 것이 현실입니다. 따라서 차근차근 계단을 오르듯 수학의 기본이 되는 계산력부터 길러야 합니다. 이러한 계산력은 매일 규칙적으로 꾸준히 학습하는 것이 중요합니다. '창의성'이나 '사고력 및 논리력'은 수학의 기본인 계산력이 뒷받침이 된 다음에 얘기할 수 있는 것입니다. 우리는 '창의성' 또는 '사고력'을 너무나 동경한 나머지 수학의 기본인 '계산'과 '암기'를 소홀히 생각합니다. 그러나 번뜩이는 문제 해결력이나 아이디어, 창의성은 수없이 반복되어 온 암기 훈련 및 꾸준한 학습을 통해 쌓인 지식에 근거한다는 점을 절대 잊으면 안 됩니다.

수학은 일찍 시작해야 합니다.

초등학교 수학 과정은 기초 계산력을 완성시키는 단계입니다. 특히 저학년 때 연산이 차지하는 비율은 전체의 70~80%나 됩니다. 수학 성적의 차이는 머리가 아니라 수학을 얼마나 일찍 시작하느냐에 달려 있습니다. 머리가 좋은 학생이 수학을 잘 하는 것이 아니라 수학을 열심히 공부하는 학생이 머리가 좋아지는 것이죠. 수학이 싫고 어렵다고 어렸을 때부터 수학을 멀리하게 되면 중학교, 고등학교에 올라가서는 수학을 포기하게 됩니다. 수학은 어느 정도 수준에 오르기까지 많은 시간이 필요한 과목이기 때문에 비교적 여유가 있는 초등학교 때 수학의 기본을 다져놓는 것이 중요합니다.

혹시 수학 성적이 걱정되고 불안하신가요?

그렇다면 수학의 기본이 되는 계산력부터 키워주세요. 하루 10~20분씩 꾸준히 계산력을 키우게 되면 티끌 모아 태산이 되듯 수학의 기초가 튼튼해지고 수학이 재미있어질 것입니다. 어떤 문제든 기초 계산 능력이 뒷받침되어 있지 않으면 해결할 수 없습니다.
〈한 권으로 계산 끝〉 시리즈로 수학의 재미를 키워보세요. 여러분은 모두 '수학 천재'가 될 수 있습니다. 화이팅!

수학의 마술사 **차길영**

구성 및 특징

01 계산 원리 학습

무료 동영상 강의로
개념을 쉽게 배워보세요!

(분수)×(자연수), (자연수)×(분수)

🖋 (진분수)×(자연수)의 계산

분모와 자연수가 약분이 되면 약분한 뒤 분자와 자연수를 곱해요.
이때 계산 결과가 가분수이면 대분수로 고쳐서 나타내요.

(진분수)×(자연수)의 계산	(자연수)×(진분수)의 계산
$\dfrac{5}{\underset{4}{8}} \times \overset{3}{6} = \dfrac{5 \times 3}{4} = \dfrac{15}{4}$ $= 3\dfrac{3}{4}$	$\overset{3}{6} \times \dfrac{5}{\underset{4}{8}} = \dfrac{3 \times 5}{4} = \dfrac{15}{4}$ $= 3\dfrac{3}{4}$

🖋 (대분수)×(자연수)의 계산

대분수를 가분수로 고친 후 약분하여 계산해요.
이때 계산 결과가 가분수이면 대분수로 고쳐서 나타내요.

(대분수)×(자연수)의 계산	(자연수)×(대분수)의 계산
$1\dfrac{4}{15} \times 6 = \dfrac{19}{\underset{5}{15}} \times \overset{2}{6}$ $= \dfrac{38}{5} = 7\dfrac{3}{5}$	$6 \times 1\dfrac{4}{15} = \overset{2}{6} \times \dfrac{19}{\underset{5}{15}}$ $= \dfrac{38}{5} = 7\dfrac{3}{5}$

학습 포인트

하나. 분수와 자연수의 곱셈을 공부합니다.
둘. 자연수의 곱셈과 같이 분수와 자연수를 바꾸어 곱해도 그 곱이 같다는 것을 알게 합니다.
셋. 분수와 자연수의 곱셈 결과를 통해 자연수에 1보다 작은 분수를 곱하면 곱은 원래의 수보다
작아진다는 것을 알게 합니다.

무료 동영상 강의로
계산 원리의 개념을 쉽고
정확하게 이해할 수 있습니다.

QR코드를 스마트폰으로 찍거나
www.nexusEDU.kr/math 접속

초등수학의 새 교육과정에
맞춰 연산 주제의 원리를
이해하고 연산 방법을
이끌어냅니다.

계산 원리의 학습 포인트를
통해 연산의 기초 개념 정리를
한 번에 끝낼 수 있습니다.

계산력 학습 및 완성

자신의 진도 목표에 따라 하루에 적당한 분량을 정해 학습합니다.
문제를 풀 때 걸리는 시간을 정확히 측정하고 기록해 보세요.
계산력 향상 Up! Up! Up!

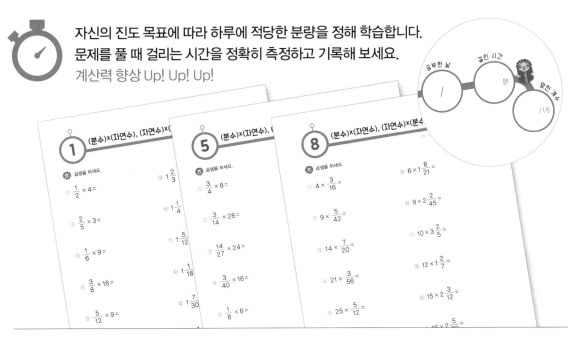

공부한 날 / 걸린 시간 분 / 맞힌 개수 /16

1 (분수)×(자연수), (자연수)×(분수)

곱셈을 하세요.

① $\frac{1}{2} \times 4 =$

② $\frac{2}{5} \times 3 =$

③ $\frac{1}{6} \times 9 =$

④ $\frac{3}{8} \times 16 =$

⑤ $\frac{5}{12} \times 9 =$

⑨ $\frac{2}{3}$

⑩ $1\frac{1}{4}$

⑪ $1\frac{5}{12}$

⑫ $1\frac{1}{18}$

⑬ $1\frac{7}{30}$

5 (분수)×(자연수), (

곱셈을 하세요.

① $\frac{3}{4} \times 8 =$

② $\frac{3}{14} \times 28 =$

③ $\frac{14}{27} \times 24 =$

④ $\frac{3}{40} \times 16 =$

⑤ $\frac{1}{8} \times 6 =$

8 (분수)×(자연수), (자연수)×(분

곱셈을 하세요.

① $4 \times \frac{3}{16} =$

② $9 \times \frac{5}{42} =$

③ $14 \times \frac{7}{20} =$

④ $21 \times \frac{3}{56} =$

⑤ $25 \times \frac{5}{12} =$

⑨ $6 \times 1\frac{8}{21} =$

⑩ $9 \times 2\frac{2}{45} =$

⑪ $10 \times 3\frac{2}{5} =$

⑫ $12 \times 1\frac{2}{7} =$

⑬ $15 \times 2\frac{3}{12} =$

⑭ $16 \times 2\frac{5}{30} =$

실력 체크

교재의 중간과 마지막에 나오는 실력 체크 문제로,
앞서 배운 4개의 강의 내용을 복습하고 다시 한 번
실력을 탄탄하게 점검할 수 있습니다.

실력 체크

1-A (분수)×(자연수), (자연수)×(분수)

공부한 날 월 일
걸린 시간 분 초
맞힌 개수 /16

곱셈을 하세요.

① $\frac{1}{2} \times 7 =$

② $\frac{12}{17} \times 51 =$

③ $\frac{11}{25} \times 10 =$

④ $\frac{13}{42} \times 35 =$

⑤ $\frac{7}{60} \times 8 =$

⑥ $\frac{3}{7} \times 14 =$

⑦ $\frac{5}{8} \times 12 =$

⑧ $\frac{7}{24} \times 40 =$

⑨ $1\frac{4}{27} \times 18 =$

⑩ $2\frac{3}{50} \times 8 =$

⑪ $1\frac{1}{12} \times 16 =$

⑫ $2\frac{2}{9} \times 4 =$

⑬ $3\frac{2}{5} \times 35 =$

⑭ $1\frac{5}{18} \times 4 =$

⑮ $2\frac{11}{15} \times 5 =$

⑯ $1\frac{1}{32} \times 12 =$

한 권으로 계산 끝 10

실력 체크

8-B (소수)×(소수)

공부한 날 월 일
걸린 시간 분 초
맞힌 개수 /16

소수의 곱셈을 하세요.

① $0.2 \times 0.9 =$

② $0.39 \times 0.6 =$

③ $0.8 \times 3.46 =$

④ $32.3 \times 0.4 =$

⑤ $0.7 \times 0.96 =$

⑥ $8.14 \times 0.3 =$

⑦ $0.58 \times 7.4 =$

⑧ $0.6 \times 7.3 =$

⑨ $2.06 \times 3.29 =$

⑩ $4.5 \times 0.81 =$

⑪ $15.69 \times 6.2 =$

⑫ $6.87 \times 0.24 =$

⑬ $7.83 \times 0.67 =$

⑭ $5.6 \times 3.9 =$

실력 체크 8-B

'한 권으로 계산 끝'만의 차별화된 서비스

✅ **스마트폰으로 QR코드를 찍으면 이 모든 것이 가능해요!**

1 모바일 진단평가
과연 내 연산 실력은 어떤 레벨일까요? 진단평가로 현재 실력을 확인하고 알맞은 레벨을 선택할 수 있어요.

2 무료 동영상 강의
눈에 쏙! 귀에 쏙! 들어오는 개념 설명 강의를 보면, 문제의 답이 쉽게 보인답니다.

3 초시계
자신의 문제풀이 속도를 측정하고 '걸린 시간'을 기록하는 습관은 계산 끝판왕이 되는 필수 요소예요.

4 마무리 평가
온라인에서 제공하는 별도 추가 종합 문제를 통해 학습한 내용을 복습하고 최종 실력을 확인할 수 있어요.

5 추가 문제
각 권마다 추가로 제공되는 문제로 속도력 + 정확성을 키우세요!

✅ **스마트폰이 없어도 걱정 마세요!**
넥서스에듀 홈페이지로 들어오세요.

※ 진단평가, 마무리 평가의 종합문제 및 추가 문제는 홈페이지에서 다운로드 → 프린트해서 쓸 수 있어요.

www.nexusEDU.kr/math

초등수학
5학년 과정

분수와 소수의 곱셈

● 정답지

한 권으로 계산 끝 학습계획표

✓ **하루하루 끝내기로 한 학습 분량을 마치고 학습계획표를 체크해 보세요!**

2주 / 4주 / 8주 완성 학습 목표를 정한 뒤에 매일매일 체크해 보세요.
스스로 공부하는 습관이 길러지고, 수학의 기초 실력인 연산력+계산력이 쑥쑥 향상됩니다.

2주 완성

1주	1일	2일	3일	4일	5일
	1강의 1~8	2강의 1~8	3강의 1~8	4강의 1~8	실력체크 중간 점검
	✔	완료	완료	완료	완료

2주	6일	7일	8일	9일	10일
	5강의 1~8	6강의 1~8	7강의 1~8	8강의 1~8	실력체크 최종 점검
	완료	완료	완료	완료	완료

wow!

4주 완성

1주

1일	2일	3일	4일	5일
1강의 1~4	1강의 5~8	2강의 1~4	2강의 5~8	3강의 1~4
완료	완료	완료	완료	완료

2주

6일	7일	8일	9일	10일
3강의 5~8	4강의 1~4	4강의 5~8	실력체크 중간 점검 1~2	실력체크 중간 점검 3~4
완료	완료	완료	완료	완료

3주

11일	12일	13일	14일	15일
5강의 1~4	5강의 5~8	6강의 1~4	6강의 5~8	7강의 1~4
완료	완료	완료	완료	완료

4주

16일	17일	18일	19일	20일
7강의 5~8	8강의 1~4	8강의 5~8	실력체크 최종 점검 5~6	실력체크 최종 점검 7~8
완료	완료	완료	완료	완료

한 권으로 계산 끝 학습계획표

8주 완성

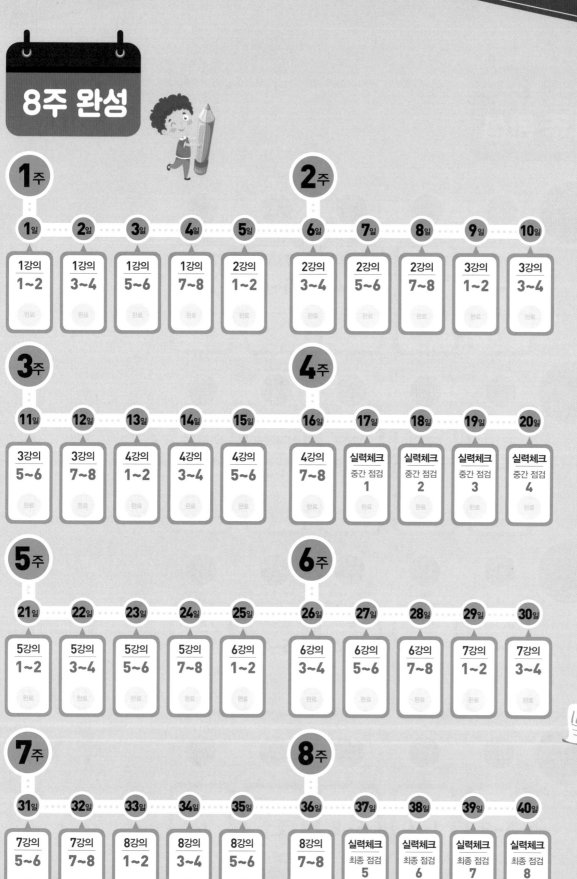

1주

1일	2일	3일	4일	5일	6일	7일	8일	9일	10일
1강의 1~2 완료	1강의 3~4 완료	1강의 5~6 완료	1강의 7~8 완료	2강의 1~2 완료	2강의 3~4 완료	2강의 5~6 완료	2강의 7~8 완료	3강의 1~2 완료	3강의 3~4 완료

2주

3주

11일	12일	13일	14일	15일	16일	17일	18일	19일	20일
3강의 5~6 완료	3강의 7~8 완료	4강의 1~2 완료	4강의 3~4 완료	4강의 5~6 완료	4강의 7~8 완료	실력체크 중간 점검 1 완료	실력체크 중간 점검 2 완료	실력체크 중간 점검 3 완료	실력체크 중간 점검 4 완료

4주

5주

21일	22일	23일	24일	25일	26일	27일	28일	29일	30일
5강의 1~2 완료	5강의 3~4 완료	5강의 5~6 완료	5강의 7~8 완료	6강의 1~2 완료	6강의 3~4 완료	6강의 5~6 완료	6강의 7~8 완료	7강의 1~2 완료	7강의 3~4 완료

6주

7주

8주

31일	32일	33일	34일	35일	36일	37일	38일	39일	40일
7강의 5~6 완료	7강의 7~8 완료	8강의 1~2 완료	8강의 3~4 완료	8강의 5~6 완료	8강의 7~8 완료	실력체크 최종 점검 5 완료	실력체크 최종 점검 6 완료	실력체크 최종 점검 7 완료	실력체크 최종 점검 8 완료

분수와 소수의 곱셈

5학년 과정

(분수)×(자연수), (자연수)×(분수)

✏️ **(진분수)×(자연수)의 계산**

분모와 자연수가 약분이 되면 약분한 뒤 분자와 자연수를 곱해요.
이때 계산 결과가 가분수이면 대분수로 고쳐서 나타내요.

(진분수)×(자연수)의 계산	(자연수)×(진분수)의 계산
$\dfrac{5}{\overset{4}{8}} \times \overset{3}{6} = \dfrac{5 \times 3}{4} = \dfrac{15}{4}$ $= 3\dfrac{3}{4}$	$\overset{3}{6} \times \dfrac{5}{\overset{4}{8}} = \dfrac{3 \times 5}{4} = \dfrac{15}{4}$ $= 3\dfrac{3}{4}$

✏️ **(대분수)×(자연수)의 계산**

대분수를 가분수로 고친 후 약분하여 계산해요.
이때 계산 결과가 가분수이면 대분수로 고쳐서 나타내요.

(대분수)×(자연수)의 계산	(자연수)×(대분수)의 계산
$1\dfrac{4}{15} \times 6 = \dfrac{19}{\underset{5}{15}} \times \overset{2}{6}$ $= \dfrac{38}{5} = 7\dfrac{3}{5}$	$6 \times 1\dfrac{4}{15} = \overset{2}{6} \times \dfrac{19}{\underset{5}{15}}$ $= \dfrac{38}{5} = 7\dfrac{3}{5}$

학습 포인트

하나. 분수와 자연수의 곱셈을 공부합니다.

둘. 자연수의 곱셈과 같이 분수와 자연수를 바꾸어 곱해도 그 곱이 같다는 것을 알게 합니다.

셋. 분수와 자연수의 곱셈 결과를 통해 자연수에 1보다 작은 분수를 곱하면 곱은 원래의 수보다 작아진다는 것을 알게 합니다.

1 (분수)×(자연수), (자연수)×(분수)

정답: p.2

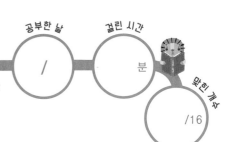

공부한 날 /

걸린 시간 분

맞힌 개수 /16

곱셈을 하세요.

① $\dfrac{1}{2} \times 4 =$

② $\dfrac{2}{5} \times 3 =$

③ $\dfrac{1}{6} \times 9 =$

④ $\dfrac{3}{8} \times 16 =$

⑤ $\dfrac{5}{12} \times 9 =$

⑥ $\dfrac{3}{25} \times 20 =$

⑦ $\dfrac{7}{27} \times 6 =$

⑧ $\dfrac{3}{32} \times 8 =$

⑨ $1\dfrac{2}{3} \times 6 =$

⑩ $1\dfrac{1}{4} \times 9 =$

⑪ $1\dfrac{5}{12} \times 8 =$

⑫ $1\dfrac{1}{18} \times 4 =$

⑬ $1\dfrac{7}{30} \times 12 =$

⑭ $2\dfrac{1}{9} \times 15 =$

⑮ $2\dfrac{5}{24} \times 9 =$

⑯ $3\dfrac{5}{16} \times 20 =$

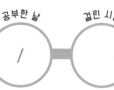
 곱셈을 하세요.

① $3 \times \dfrac{2}{9} =$

② $7 \times \dfrac{4}{21} =$

③ $11 \times \dfrac{7}{30} =$

④ $15 \times \dfrac{9}{25} =$

⑤ $16 \times \dfrac{1}{8} =$

⑥ $27 \times \dfrac{5}{12} =$

⑦ $30 \times \dfrac{3}{10} =$

⑧ $36 \times \dfrac{1}{28} =$

⑨ $2 \times 1\dfrac{3}{8} =$

⑩ $4 \times 3\dfrac{1}{4} =$

⑪ $5 \times 1\dfrac{5}{6} =$

⑫ $6 \times 2\dfrac{1}{16} =$

⑬ $8 \times 1\dfrac{5}{12} =$

⑭ $9 \times 2\dfrac{2}{15} =$

⑮ $14 \times 1\dfrac{4}{21} =$

⑯ $24 \times 1\dfrac{3}{32} =$

 곱셈을 하세요.

① $\dfrac{2}{3} \times 7 =$

② $\dfrac{1}{4} \times 12 =$

③ $\dfrac{1}{6} \times 10 =$

④ $\dfrac{2}{9} \times 18 =$

⑤ $\dfrac{5}{14} \times 7 =$

⑥ $\dfrac{3}{20} \times 6 =$

⑦ $\dfrac{7}{24} \times 15 =$

⑧ $\dfrac{4}{35} \times 21 =$

⑨ $1\dfrac{2}{7} \times 4 =$

⑩ $1\dfrac{2}{9} \times 12 =$

⑪ $1\dfrac{1}{12} \times 3 =$

⑫ $1\dfrac{3}{28} \times 21 =$

⑬ $2\dfrac{3}{4} \times 16 =$

⑭ $2\dfrac{7}{16} \times 8 =$

⑮ $2\dfrac{5}{32} \times 24 =$

⑯ $3\dfrac{2}{25} \times 10 =$

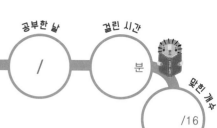

/16

🦁 곱셈을 하세요.

① $5 \times \dfrac{3}{25} =$

② $9 \times \dfrac{7}{18} =$

③ $13 \times \dfrac{4}{9} =$

④ $15 \times \dfrac{5}{12} =$

⑤ $21 \times \dfrac{2}{7} =$

⑥ $27 \times \dfrac{5}{36} =$

⑦ $34 \times \dfrac{2}{17} =$

⑧ $36 \times \dfrac{1}{20} =$

⑨ $4 \times 3\dfrac{3}{14} =$

⑩ $6 \times 2\dfrac{5}{8} =$

⑪ $7 \times 2\dfrac{2}{9} =$

⑫ $15 \times 1\dfrac{1}{6} =$

⑬ $16 \times 1\dfrac{1}{32} =$

⑭ $20 \times 2\dfrac{1}{30} =$

⑮ $22 \times 1\dfrac{5}{11} =$

⑯ $27 \times 1\dfrac{1}{6} =$

5 (분수)×(자연수), (자연수)×(분수)

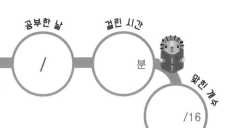

공부한 날
/

걸린 시간
분

맞힌 개수
/16

정답: p.2

🦁 곱셈을 하세요.

① $\dfrac{3}{4} \times 8 =$

② $\dfrac{3}{14} \times 28 =$

③ $\dfrac{14}{27} \times 24 =$

④ $\dfrac{3}{40} \times 16 =$

⑤ $\dfrac{1}{8} \times 6 =$

⑥ $\dfrac{9}{22} \times 12 =$

⑦ $\dfrac{5}{36} \times 15 =$

⑧ $\dfrac{7}{45} \times 13 =$

⑨ $1\dfrac{1}{6} \times 4 =$

⑩ $1\dfrac{11}{24} \times 8 =$

⑪ $1\dfrac{7}{45} \times 18 =$

⑫ $2\dfrac{5}{16} \times 16 =$

⑬ $1\dfrac{7}{10} \times 5 =$

⑭ $1\dfrac{5}{42} \times 14 =$

⑮ $2\dfrac{6}{7} \times 4 =$

⑯ $3\dfrac{4}{33} \times 11 =$

곱셈을 하세요.

① $8 \times \dfrac{1}{6} =$

② $9 \times \dfrac{13}{18} =$

③ $15 \times \dfrac{1}{35} =$

④ $18 \times \dfrac{2}{25} =$

⑤ $22 \times \dfrac{5}{11} =$

⑥ $30 \times \dfrac{5}{8} =$

⑦ $39 \times \dfrac{7}{52} =$

⑧ $42 \times \dfrac{3}{14} =$

⑨ $3 \times 2\dfrac{2}{9} =$

⑩ $4 \times 3\dfrac{3}{7} =$

⑪ $6 \times 1\dfrac{1}{12} =$

⑫ $8 \times 1\dfrac{3}{20} =$

⑬ $10 \times 1\dfrac{3}{16} =$

⑭ $12 \times 3\dfrac{1}{3} =$

⑮ $21 \times 2\dfrac{1}{18} =$

⑯ $28 \times 1\dfrac{5}{42} =$

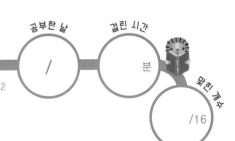
🦁 곱셈을 하세요.

① $\dfrac{1}{5} \times 12 =$

② $\dfrac{6}{13} \times 26 =$

③ $\dfrac{5}{27} \times 18 =$

④ $\dfrac{7}{48} \times 15 =$

⑤ $\dfrac{4}{7} \times 35 =$

⑥ $\dfrac{2}{15} \times 6 =$

⑦ $\dfrac{5}{32} \times 24 =$

⑧ $\dfrac{13}{54} \times 30 =$

⑨ $1\dfrac{5}{9} \times 27 =$

⑩ $1\dfrac{3}{28} \times 35 =$

⑪ $1\dfrac{1}{45} \times 20 =$

⑫ $2\dfrac{1}{16} \times 4 =$

⑬ $1\dfrac{5}{12} \times 16 =$

⑭ $1\dfrac{7}{30} \times 9 =$

⑮ $2\dfrac{1}{4} \times 3 =$

⑯ $3\dfrac{7}{25} \times 5 =$

곱셈을 하세요.

① $4 \times \dfrac{3}{16} =$

② $9 \times \dfrac{5}{42} =$

③ $14 \times \dfrac{7}{20} =$

④ $21 \times \dfrac{3}{56} =$

⑤ $25 \times \dfrac{5}{12} =$

⑥ $28 \times \dfrac{3}{4} =$

⑦ $30 \times \dfrac{7}{15} =$

⑧ $49 \times \dfrac{6}{35} =$

⑨ $6 \times 1\dfrac{8}{21} =$

⑩ $9 \times 2\dfrac{2}{45} =$

⑪ $10 \times 3\dfrac{2}{5} =$

⑫ $12 \times 1\dfrac{2}{7} =$

⑬ $15 \times 2\dfrac{3}{12} =$

⑭ $16 \times 2\dfrac{5}{32} =$

⑮ $32 \times 1\dfrac{1}{20} =$

⑯ $45 \times 1\dfrac{1}{27} =$

진분수와 가분수의 곱셈

✏ (단위분수)×(단위분수)의 계산

$\dfrac{1}{2}$, $\dfrac{1}{3}$, $\dfrac{1}{4}$, $\dfrac{1}{5}$, ……과 같이 분자가 1인 진분수를 단위분수라고 해요.

단위분수끼리의 곱셈은 분자는 그대로 두고 분모끼리 곱해요.

> **(단위분수)×(단위분수)의 계산**
>
> $$\frac{1}{3} \times \frac{1}{2} = \frac{1}{3 \times 2} = \frac{1}{6}$$

✏ (진분수)×(진분수)의 계산

분모는 분모끼리, 분자는 분자끼리 곱하고 약분이 되면 약분한 다음 계산해요.

> **(진분수)×(진분수)의 계산**
>
> $$\frac{5}{\underset{3}{6}} \times \frac{\overset{1}{2}}{3} = \frac{5 \times 1}{3 \times 3} = \frac{5}{9}$$

✏ (가분수)×(가분수)의 계산

분모는 분모끼리, 분자는 분자끼리 곱하고 약분이 되면 약분한 다음 계산해요.
이때 계산 결과가 가분수이면 대분수로 고쳐서 나타내요.

> **(가분수)×(가분수)의 계산**
>
> $$\frac{\overset{5}{10}}{\underset{1}{9}} \times \frac{\overset{3}{27}}{\underset{8}{16}} = \frac{5 \times 3}{1 \times 8} = \frac{15}{8} = 1\frac{7}{8}$$

학습 포인트

하나. 단위분수끼리의 곱셈, 진분수끼리의 곱셈, 가분수끼리의 곱셈을 공부합니다.

둘. 단위분수끼리의 곱셈에서 분자는 항상 1임을 알게 합니다.

셋. 약분을 할 때에는 분자끼리 약분하거나 분모끼리 약분하지 않도록 주의합니다.

넷. 약분을 먼저 하면 작은 수로 곱셈을 할 수 있어 계산 실수를 줄일 수 있습니다.

1 진분수와 가분수의 곱셈

공부한 날
/

걸린 시간
분

맞힌 개수
/16

정답: p.3

🦁 분수의 곱셈을 하세요.

① $\dfrac{1}{3} \times \dfrac{1}{4} =$

② $\dfrac{1}{3} \times \dfrac{3}{5} =$

③ $\dfrac{3}{4} \times \dfrac{2}{7} =$

④ $\dfrac{1}{5} \times \dfrac{1}{8} =$

⑤ $\dfrac{2}{5} \times \dfrac{5}{6} =$

⑥ $\dfrac{1}{6} \times \dfrac{1}{9} =$

⑦ $\dfrac{5}{6} \times \dfrac{3}{8} =$

⑧ $\dfrac{2}{7} \times \dfrac{1}{8} =$

⑨ $\dfrac{3}{7} \times \dfrac{2}{5} =$

⑩ $\dfrac{7}{9} \times \dfrac{3}{14} =$

⑪ $\dfrac{3}{10} \times \dfrac{4}{9} =$

⑫ $\dfrac{5}{12} \times \dfrac{18}{25} =$

⑬ $\dfrac{7}{12} \times \dfrac{4}{5} =$

⑭ $\dfrac{7}{15} \times \dfrac{4}{7} =$

⑮ $\dfrac{8}{15} \times \dfrac{7}{10} =$

⑯ $\dfrac{2}{21} \times \dfrac{5}{9}$

정답: p.3

공부한 날 /
걸린 시간 분
맞힌 개수 /16

분수의 곱셈을 하세요.

① $\dfrac{3}{2} \times \dfrac{5}{4} =$

② $\dfrac{8}{3} \times \dfrac{10}{7} =$

③ $\dfrac{11}{4} \times \dfrac{8}{3} =$

④ $\dfrac{5}{6} \times \dfrac{14}{9} =$

⑤ $\dfrac{15}{8} \times \dfrac{16}{3} =$

⑥ $\dfrac{25}{8} \times \dfrac{3}{5} =$

⑦ $\dfrac{11}{10} \times \dfrac{25}{4} =$

⑧ $\dfrac{4}{11} \times \dfrac{33}{8} =$

⑨ $\dfrac{35}{12} \times \dfrac{8}{7} =$

⑩ $\dfrac{49}{12} \times \dfrac{3}{4} =$

⑪ $\dfrac{4}{15} \times \dfrac{27}{8} =$

⑫ $\dfrac{32}{15} \times \dfrac{25}{16} =$

⑬ $\dfrac{23}{18} \times \dfrac{45}{23} =$

⑭ $\dfrac{27}{20} \times \dfrac{20}{27} =$

⑮ $\dfrac{49}{20} \times \dfrac{13}{7} =$

⑯ $\dfrac{7}{24} \times \dfrac{16}{7} =$

분수의 곱셈을 하세요.

① $\dfrac{1}{4} \times \dfrac{1}{6} =$

② $\dfrac{2}{5} \times \dfrac{10}{13} =$

③ $\dfrac{4}{5} \times \dfrac{5}{6} =$

④ $\dfrac{2}{7} \times \dfrac{4}{9} =$

⑤ $\dfrac{1}{8} \times \dfrac{1}{7} =$

⑥ $\dfrac{1}{9} \times \dfrac{3}{10} =$

⑦ $\dfrac{7}{9} \times \dfrac{5}{7} =$

⑧ $\dfrac{5}{12} \times \dfrac{10}{21} =$

⑨ $\dfrac{1}{13} \times \dfrac{1}{5} =$

⑩ $\dfrac{2}{15} \times \dfrac{3}{4} =$

⑪ $\dfrac{4}{15} \times \dfrac{2}{9} =$

⑫ $\dfrac{6}{17} \times \dfrac{1}{4} =$

⑬ $\dfrac{5}{18} \times \dfrac{7}{11} =$

⑭ $\dfrac{7}{20} \times \dfrac{9}{14} =$

⑮ $\dfrac{21}{22} \times \dfrac{5}{14} =$

⑯ $\dfrac{5}{24} \times \dfrac{8}{15} =$

4 진분수와 가분수의 곱셈

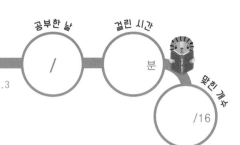
분수의 곱셈을 하세요.

① $\dfrac{5}{3} \times \dfrac{7}{2} =$

② $\dfrac{3}{5} \times \dfrac{15}{8} =$

③ $\dfrac{12}{7} \times \dfrac{8}{9} =$

④ $\dfrac{3}{8} \times \dfrac{25}{9} =$

⑤ $\dfrac{20}{9} \times \dfrac{27}{4} =$

⑥ $\dfrac{13}{10} \times \dfrac{15}{4} =$

⑦ $\dfrac{21}{10} \times \dfrac{25}{12} =$

⑧ $\dfrac{23}{10} \times \dfrac{7}{6} =$

⑨ $\dfrac{5}{12} \times \dfrac{24}{5} =$

⑩ $\dfrac{11}{15} \times \dfrac{81}{8} =$

⑪ $\dfrac{25}{16} \times \dfrac{24}{5} =$

⑫ $\dfrac{27}{20} \times \dfrac{25}{9} =$

⑬ $\dfrac{15}{22} \times \dfrac{7}{3} =$

⑭ $\dfrac{7}{24} \times \dfrac{30}{7} =$

⑮ $\dfrac{36}{25} \times \dfrac{45}{8} =$

⑯ $\dfrac{49}{30} \times \dfrac{4}{7} =$

5 진분수와 가분수의 곱셈

공부한 날

/

걸린 시간

분

맞힌 개수

/16

정답: p.3

분수의 곱셈을 하세요.

① $\dfrac{2}{3} \times \dfrac{2}{5} =$

② $\dfrac{1}{6} \times \dfrac{1}{7} =$

③ $\dfrac{1}{10} \times \dfrac{1}{15} =$

④ $\dfrac{11}{14} \times \dfrac{5}{33} =$

⑤ $\dfrac{7}{18} \times \dfrac{3}{20} =$

⑥ $\dfrac{1}{25} \times \dfrac{5}{8} =$

⑦ $\dfrac{28}{33} \times \dfrac{13}{21} =$

⑧ $\dfrac{5}{42} \times \dfrac{7}{30} =$

⑨ $\dfrac{1}{4} \times \dfrac{1}{13} =$

⑩ $\dfrac{8}{9} \times \dfrac{4}{7} =$

⑪ $\dfrac{8}{13} \times \dfrac{13}{36} =$

⑫ $\dfrac{9}{16} \times \dfrac{1}{6} =$

⑬ $\dfrac{13}{24} \times \dfrac{3}{8} =$

⑭ $\dfrac{8}{27} \times \dfrac{7}{10} =$

⑮ $\dfrac{18}{35} \times \dfrac{5}{6} =$

⑯ $\dfrac{7}{48} \times \dfrac{14}{15} =$

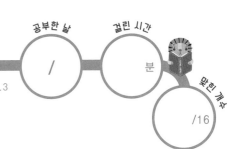
분수의 곱셈을 하세요.

① $\dfrac{15}{2} \times \dfrac{7}{6} =$

② $\dfrac{21}{4} \times \dfrac{16}{7} =$

③ $\dfrac{8}{5} \times \dfrac{7}{3} =$

④ $\dfrac{12}{7} \times \dfrac{2}{3} =$

⑤ $\dfrac{16}{9} \times \dfrac{27}{8} =$

⑥ $\dfrac{5}{12} \times \dfrac{15}{7} =$

⑦ $\dfrac{15}{13} \times \dfrac{13}{15} =$

⑧ $\dfrac{25}{18} \times \dfrac{54}{23} =$

⑨ $\dfrac{23}{20} \times \dfrac{9}{4} =$

⑩ $\dfrac{22}{21} \times \dfrac{24}{11} =$

⑪ $\dfrac{35}{24} \times \dfrac{32}{7} =$

⑫ $\dfrac{7}{26} \times \dfrac{9}{5} =$

⑬ $\dfrac{64}{27} \times \dfrac{11}{8} =$

⑭ $\dfrac{49}{30} \times \dfrac{3}{7} =$

⑮ $\dfrac{43}{35} \times \dfrac{35}{16} =$

⑯ $\dfrac{51}{42} \times \dfrac{8}{3} =$

🦁 분수의 곱셈을 하세요.

① $\dfrac{1}{5} \times \dfrac{1}{10} =$

② $\dfrac{1}{8} \times \dfrac{2}{7} =$

③ $\dfrac{1}{13} \times \dfrac{1}{6} =$

④ $\dfrac{15}{16} \times \dfrac{3}{25} =$

⑤ $\dfrac{5}{24} \times \dfrac{3}{8} =$

⑥ $\dfrac{3}{32} \times \dfrac{5}{9} =$

⑦ $\dfrac{5}{42} \times \dfrac{5}{6} =$

⑧ $\dfrac{6}{55} \times \dfrac{11}{12} =$

⑨ $\dfrac{1}{7} \times \dfrac{1}{9} =$

⑩ $\dfrac{9}{10} \times \dfrac{2}{3} =$

⑪ $\dfrac{4}{15} \times \dfrac{20}{21} =$

⑫ $\dfrac{10}{21} \times \dfrac{1}{4} =$

⑬ $\dfrac{7}{27} \times \dfrac{5}{8} =$

⑭ $\dfrac{11}{35} \times \dfrac{5}{6} =$

⑮ $\dfrac{17}{48} \times \dfrac{15}{34} =$

⑯ $\dfrac{45}{64} \times \dfrac{5}{27} =$

진분수와 가분수의 곱셈

정답: p.3

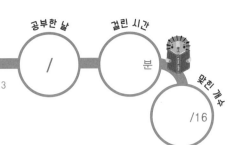

공부한 날 /　걸린 시간 　분　맞힌 개수 /16

🦁 분수의 곱셈을 하세요.

① $\dfrac{7}{3} \times \dfrac{5}{3} =$

② $\dfrac{7}{6} \times \dfrac{13}{3} =$

③ $\dfrac{5}{8} \times \dfrac{32}{5} =$

④ $\dfrac{23}{10} \times \dfrac{3}{7} =$

⑤ $\dfrac{25}{12} \times \dfrac{16}{5} =$

⑥ $\dfrac{30}{13} \times \dfrac{5}{4} =$

⑦ $\dfrac{17}{15} \times \dfrac{25}{16} =$

⑧ $\dfrac{23}{18} \times \dfrac{27}{25} =$

⑨ $\dfrac{25}{21} \times \dfrac{6}{11} =$

⑩ $\dfrac{39}{22} \times \dfrac{8}{3} =$

⑪ $\dfrac{35}{24} \times \dfrac{18}{7} =$

⑫ $\dfrac{40}{27} \times \dfrac{81}{8} =$

⑬ $\dfrac{49}{30} \times \dfrac{13}{7} =$

⑭ $\dfrac{15}{38} \times \dfrac{49}{15} =$

⑮ $\dfrac{28}{45} \times \dfrac{27}{14} =$

⑯ $\dfrac{64}{51} \times \dfrac{17}{12} =$

대분수가 있는 분수의 곱셈

✏️ 대분수가 있는 분수의 곱셈

먼저 대분수를 가분수로 고친 후 약분이 되면 약분을 하고 분모는 분모끼리,

분자는 분자끼리 곱해요.

이때 계산 결과가 가분수이면 대분수로 고쳐서 나타내요.

(진분수)×(대분수)의 계산

$$\frac{7}{8} \times 1\frac{5}{7} = \frac{\overset{1}{\cancel{7}}}{\underset{2}{\cancel{8}}} \times \frac{\overset{3}{\cancel{12}}}{\underset{1}{\cancel{7}}} = \frac{1 \times 3}{2 \times 1} = \frac{3}{2} = 1\frac{1}{2}$$

(가분수)×(대분수)의 계산

$$\frac{14}{5} \times 2\frac{1}{4} = \frac{\overset{7}{\cancel{14}}}{5} \times \frac{9}{\underset{2}{\cancel{4}}} = \frac{7 \times 9}{5 \times 2} = \frac{63}{10} = 6\frac{3}{10}$$

(대분수)×(대분수)의 계산

$$1\frac{2}{3} \times 2\frac{1}{10} = \frac{\overset{1}{\cancel{5}}}{\underset{1}{\cancel{3}}} \times \frac{\overset{7}{\cancel{21}}}{\underset{2}{\cancel{10}}} = \frac{1 \times 7}{1 \times 2} = \frac{7}{2} = 3\frac{1}{2}$$

하나. 대분수가 있는 분수의 곱셈을 공부합니다.

둘. 대분수가 있는 분수의 곱셈은 가장 먼저 대분수를 가분수로 고친 후 계산해야 한다는 것을 알게 합니다.

1 대분수가 있는 분수의 곱셈

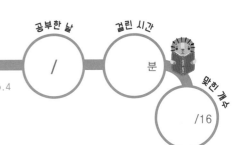
 분수의 곱셈을 하세요.

① $\dfrac{1}{2} \times 1\dfrac{2}{5} =$

② $\dfrac{2}{3} \times 2\dfrac{1}{2} =$

③ $\dfrac{5}{3} \times 1\dfrac{2}{7} =$

④ $\dfrac{1}{4} \times 3\dfrac{3}{5} =$

⑤ $\dfrac{7}{4} \times 3\dfrac{1}{9} =$

⑥ $\dfrac{2}{5} \times 1\dfrac{7}{8} =$

⑦ $\dfrac{5}{7} \times 1\dfrac{3}{10} =$

⑧ $\dfrac{10}{7} \times 4\dfrac{2}{3} =$

⑨ $\dfrac{1}{8} \times 1\dfrac{3}{17} =$

⑩ $\dfrac{3}{8} \times 3\dfrac{2}{5} =$

⑪ $\dfrac{2}{9} \times 1\dfrac{4}{7} =$

⑫ $\dfrac{14}{9} \times 2\dfrac{1}{4} =$

⑬ $\dfrac{1}{10} \times 4\dfrac{2}{7} =$

⑭ $\dfrac{5}{12} \times 2\dfrac{3}{5} =$

⑮ $\dfrac{9}{14} \times 4\dfrac{1}{3} =$

⑯ $\dfrac{11}{15} \times 1\dfrac{2}{11} =$

2 대분수가 있는 분수의 곱셈

공부한 날
/

걸린 시간
분

맞힌 개수
/16

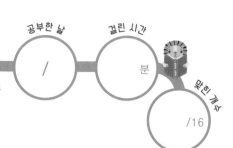

정답: p.4

분수의 곱셈을 하세요.

① $1\dfrac{3}{4} \times 2\dfrac{2}{15} =$

② $1\dfrac{3}{5} \times 3\dfrac{1}{8} =$

③ $1\dfrac{5}{6} \times 2\dfrac{4}{7} =$

④ $2\dfrac{1}{4} \times 2\dfrac{5}{6} =$

⑤ $2\dfrac{2}{5} \times 1\dfrac{3}{4} =$

⑥ $2\dfrac{4}{7} \times 1\dfrac{2}{9} =$

⑦ $2\dfrac{4}{11} \times 4\dfrac{2}{5} =$

⑧ $2\dfrac{5}{11} \times 1\dfrac{5}{9} =$

⑨ $3\dfrac{3}{5} \times 1\dfrac{5}{24} =$

⑩ $3\dfrac{1}{6} \times 2\dfrac{1}{10} =$

⑪ $3\dfrac{1}{8} \times 2\dfrac{2}{15} =$

⑫ $4\dfrac{1}{2} \times 3\dfrac{7}{9} =$

⑬ $4\dfrac{2}{3} \times 2\dfrac{1}{10} =$

⑭ $4\dfrac{2}{3} \times 6\dfrac{1}{2} =$

⑮ $5\dfrac{5}{6} \times 2\dfrac{6}{7} =$

⑯ $5\dfrac{7}{10} \times 1\dfrac{6}{19} =$

3

대분수가 있는 분수의 곱셈

공부한 날

걸린 시간

/

분

맞힌 개수

/16

정답: p.4

 분수의 곱셈을 하세요.

① $\dfrac{1}{3} \times 2\dfrac{1}{2} =$

② $\dfrac{1}{4} \times 4\dfrac{2}{5} =$

③ $\dfrac{3}{4} \times 1\dfrac{5}{6} =$

④ $\dfrac{7}{5} \times 2\dfrac{3}{5} =$

⑤ $\dfrac{11}{5} \times 5\dfrac{1}{2} =$

⑥ $\dfrac{5}{6} \times 2\dfrac{4}{7} =$

⑦ $\dfrac{6}{7} \times 3\dfrac{1}{9} =$

⑧ $\dfrac{3}{8} \times 1\dfrac{9}{17} =$

⑨ $\dfrac{5}{9} \times 3\dfrac{4}{5} =$

⑩ $\dfrac{1}{11} \times 1\dfrac{3}{8} =$

⑪ $\dfrac{7}{12} \times 2\dfrac{4}{21} =$

⑫ $\dfrac{28}{15} \times 1\dfrac{3}{7} =$

⑬ $\dfrac{9}{16} \times 3\dfrac{2}{3} =$

⑭ $\dfrac{23}{18} \times 1\dfrac{19}{23} =$

⑮ $\dfrac{1}{20} \times 2\dfrac{1}{3} =$

⑯ $\dfrac{3}{20} \times 2\dfrac{4}{9} =$

4 대분수가 있는 분수의 곱셈

공부한 날

걸린 시간

/

분

맞힌 개수

/16

정답: p.4

분수의 곱셈을 하세요.

① $1\dfrac{7}{9} \times 2\dfrac{3}{4} =$

② $1\dfrac{5}{12} \times 3\dfrac{1}{3} =$

③ $1\dfrac{2}{13} \times 1\dfrac{4}{15} =$

④ $1\dfrac{5}{16} \times 2\dfrac{2}{3} =$

⑤ $1\dfrac{1}{20} \times 2\dfrac{7}{9} =$

⑥ $1\dfrac{9}{32} \times 3\dfrac{3}{7} =$

⑦ $2\dfrac{1}{4} \times 2\dfrac{2}{3} =$

⑧ $2\dfrac{4}{5} \times 1\dfrac{3}{8} =$

⑨ $2\dfrac{4}{5} \times 1\dfrac{11}{24} =$

⑩ $2\dfrac{5}{6} \times 2\dfrac{1}{2} =$

⑪ $2\dfrac{1}{7} \times 1\dfrac{1}{3} =$

⑫ $2\dfrac{7}{15} \times 2\dfrac{2}{5} =$

⑬ $2\dfrac{2}{35} \times 1\dfrac{3}{4} =$

⑭ $3\dfrac{5}{7} \times 1\dfrac{4}{9} =$

⑮ $3\dfrac{5}{12} \times 2\dfrac{2}{21} =$

⑯ $3\dfrac{3}{20} \times 3\dfrac{1}{9} =$

 분수의 곱셈을 하세요.

① $\dfrac{5}{3} \times 2\dfrac{1}{10} =$

② $\dfrac{3}{4} \times 3\dfrac{2}{5} =$

③ $\dfrac{2}{7} \times 2\dfrac{3}{8} =$

④ $\dfrac{3}{8} \times 3\dfrac{7}{12} =$

⑤ $\dfrac{4}{15} \times 5\dfrac{1}{2} =$

⑥ $\dfrac{1}{18} \times 1\dfrac{13}{23} =$

⑦ $\dfrac{1}{24} \times 2\dfrac{4}{7} =$

⑧ $\dfrac{28}{27} \times 3\dfrac{3}{8} =$

⑨ $\dfrac{3}{4} \times 1\dfrac{2}{9} =$

⑩ $\dfrac{5}{6} \times 2\dfrac{2}{3} =$

⑪ $\dfrac{15}{7} \times 1\dfrac{5}{9} =$

⑫ $\dfrac{2}{11} \times 2\dfrac{5}{14} =$

⑬ $\dfrac{5}{16} \times 2\dfrac{3}{10} =$

⑭ $\dfrac{32}{21} \times 4\dfrac{1}{12} =$

⑮ $\dfrac{6}{25} \times 1\dfrac{7}{12} =$

⑯ $\dfrac{7}{30} \times 3\dfrac{3}{4} =$

🦁 분수의 곱셈을 하세요.

① $1\dfrac{7}{20} \times 3\dfrac{3}{7} =$

② $1\dfrac{12}{35} \times 4\dfrac{2}{3} =$

③ $2\dfrac{1}{8} \times 2\dfrac{4}{21} =$

④ $2\dfrac{6}{11} \times 2\dfrac{5}{14} =$

⑤ $2\dfrac{1}{12} \times 5\dfrac{2}{5} =$

⑥ $3\dfrac{1}{7} \times 1\dfrac{2}{33} =$

⑦ $3\dfrac{4}{7} \times 3\dfrac{1}{9} =$

⑧ $3\dfrac{3}{10} \times 1\dfrac{17}{18} =$

⑨ $3\dfrac{7}{15} \times 1\dfrac{5}{13} =$

⑩ $4\dfrac{3}{8} \times 1\dfrac{9}{14} =$

⑪ $4\dfrac{4}{9} \times 1\dfrac{3}{20} =$

⑫ $4\dfrac{1}{13} \times 2\dfrac{8}{9} =$

⑬ $5\dfrac{1}{2} \times 3\dfrac{1}{3} =$

⑭ $5\dfrac{5}{6} \times 1\dfrac{1}{14} =$

⑮ $5\dfrac{3}{16} \times 1\dfrac{7}{17} =$

⑯ $6\dfrac{3}{4} \times 1\dfrac{4}{15}$

7 대분수가 있는 분수의 곱셈

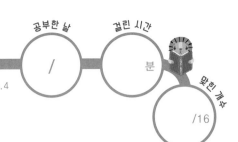

정답: p.4

🦔 분수의 곱셈을 하세요.

① $\dfrac{7}{2} \times 1\dfrac{1}{5} =$

② $\dfrac{1}{5} \times 6\dfrac{1}{4} =$

③ $\dfrac{8}{11} \times 4\dfrac{1}{20} =$

④ $\dfrac{1}{18} \times 4\dfrac{1}{8} =$

⑤ $\dfrac{8}{25} \times 2\dfrac{1}{12} =$

⑥ $\dfrac{28}{27} \times 1\dfrac{5}{16} =$

⑦ $\dfrac{1}{35} \times 2\dfrac{1}{7} =$

⑧ $\dfrac{5}{42} \times 2\dfrac{1}{24} =$

⑨ $\dfrac{1}{3} \times 4\dfrac{2}{5} =$

⑩ $\dfrac{4}{7} \times 3\dfrac{1}{9} =$

⑪ $\dfrac{32}{15} \times 3\dfrac{1}{8} =$

⑫ $\dfrac{7}{24} \times 2\dfrac{2}{5} =$

⑬ $\dfrac{14}{25} \times 3\dfrac{3}{4} =$

⑭ $\dfrac{13}{30} \times 4\dfrac{2}{7} =$

⑮ $\dfrac{44}{39} \times 1\dfrac{2}{11} =$

⑯ $\dfrac{7}{48} \times 2\dfrac{5}{8} =$

8 대분수가 있는 분수의 곱셈

공부한 날

걸린 시간

/

분

맞힌 개수

/16

정답: p.4

분수의 곱셈을 하세요.

① $1\dfrac{13}{14} \times 2\dfrac{5}{27} =$

② $1\dfrac{7}{15} \times 6\dfrac{3}{4} =$

③ $1\dfrac{7}{25} \times 5\dfrac{5}{8} =$

④ $1\dfrac{5}{27} \times 2\dfrac{7}{16} =$

⑤ $1\dfrac{13}{35} \times 1\dfrac{9}{16} =$

⑥ $2\dfrac{1}{2} \times 1\dfrac{3}{4} =$

⑦ $2\dfrac{7}{12} \times 3\dfrac{1}{7} =$

⑧ $2\dfrac{3}{16} \times 1\dfrac{7}{10} =$

⑨ $3\dfrac{1}{4} \times 2\dfrac{4}{13} =$

⑩ $3\dfrac{3}{4} \times 1\dfrac{2}{3} =$

⑪ $3\dfrac{3}{8} \times 1\dfrac{11}{45} =$

⑫ $4\dfrac{2}{7} \times 1\dfrac{19}{30} =$

⑬ $4\dfrac{7}{12} \times 1\dfrac{2}{11} =$

⑭ $5\dfrac{1}{2} \times 2\dfrac{3}{4} =$

⑮ $5\dfrac{5}{8} \times 3\dfrac{3}{5} =$

⑯ $5\dfrac{1}{10} \times 1\dfrac{1}{12} =$

세 분수의 곱셈

🖉 세 분수의 곱셈

세 분수의 곱셈은 앞에서부터 차례로 두 분수씩 계산하거나 세 분수를 한꺼번에 계산을 해도 결과는 같아요.

따라서 각자 편리한 방법으로 계산하면 돼요.

앞에서부터 차례로 두 분수씩 계산하기

$$\frac{4}{5} \times \frac{10}{11} \times 1\frac{1}{2} = \left(\frac{4}{\cancel{5}_{1}} \times \frac{\cancel{10}^{2}}{11}\right) \times 1\frac{1}{2}$$

$$= \frac{\overset{4}{\cancel{8}}}{11} \times \frac{3}{\cancel{2}_{1}} = \frac{12}{11} = 1\frac{1}{11}$$

세 분수를 한꺼번에 계산하기

$$\frac{4}{5} \times \frac{10}{11} \times 1\frac{1}{2} = \frac{\overset{2}{\cancel{4}} \times \overset{2}{\cancel{10}} \times 3}{\underset{1}{\cancel{5}} \times 11 \times \underset{1}{\cancel{2}}} = \frac{12}{11} = 1\frac{1}{11}$$

학습 포인트

하나. 세 분수의 곱셈을 공부합니다.

둘. 주어진 곱셈에서 바로 약분하면 간단하게 계산할 수 있습니다.

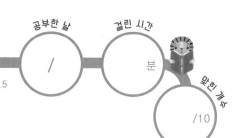
 분수의 곱셈을 하세요.

① $\dfrac{1}{2} \times \dfrac{1}{4} \times \dfrac{1}{2} =$

⑥ $\dfrac{9}{11} \times 1\dfrac{1}{3} \times \dfrac{5}{6} =$

② $\dfrac{1}{3} \times \dfrac{5}{8} \times \dfrac{3}{5} =$

⑦ $\dfrac{4}{15} \times 2\dfrac{5}{8} \times \dfrac{1}{2} =$

③ $\dfrac{1}{6} \times \dfrac{2}{7} \times \dfrac{3}{4} =$

⑧ $\dfrac{21}{26} \times \dfrac{4}{7} \times 2\dfrac{1}{6} =$

④ $\dfrac{3}{8} \times \dfrac{21}{5} \times \dfrac{5}{7} =$

⑨ $1\dfrac{3}{4} \times \dfrac{1}{6} \times \dfrac{4}{7} =$

⑤ $\dfrac{5}{12} \times \dfrac{3}{10} \times \dfrac{8}{9} =$

⑩ $1\dfrac{2}{7} \times \dfrac{4}{9} \times \dfrac{2}{5} =$

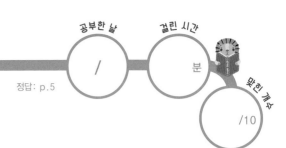
2 세 분수의 곱셈

🦁 분수의 곱셈을 하세요.

① $\dfrac{2}{7} \times 1\dfrac{3}{4} \times 2\dfrac{2}{3} =$

② $1\dfrac{1}{2} \times \dfrac{1}{6} \times \dfrac{1}{3} =$

③ $1\dfrac{11}{14} \times \dfrac{7}{12} \times 2\dfrac{3}{5} =$

④ $2\dfrac{1}{5} \times \dfrac{15}{16} \times 1\dfrac{3}{11} =$

⑤ $3\dfrac{3}{4} \times 1\dfrac{4}{21} \times \dfrac{2}{5} =$

⑥ $1\dfrac{2}{3} \times 1\dfrac{3}{10} \times 2\dfrac{4}{5} =$

⑦ $1\dfrac{1}{4} \times 1\dfrac{7}{8} \times 2\dfrac{4}{5} =$

⑧ $2\dfrac{1}{3} \times 2\dfrac{2}{5} \times 2\dfrac{1}{12} =$

⑨ $2\dfrac{4}{7} \times 1\dfrac{2}{17} \times 1\dfrac{5}{12} =$

⑩ $2\dfrac{6}{7} \times 3\dfrac{1}{2} \times 1\dfrac{5}{7} =$

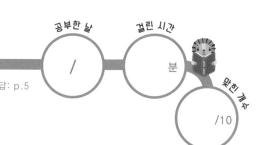

분수의 곱셈을 하세요.

① $\dfrac{1}{3} \times \dfrac{1}{7} \times \dfrac{1}{6} =$

② $\dfrac{2}{5} \times \dfrac{5}{9} \times \dfrac{1}{4} =$

③ $\dfrac{5}{6} \times \dfrac{16}{15} \times \dfrac{7}{12} =$

④ $\dfrac{3}{10} \times \dfrac{1}{8} \times \dfrac{5}{9} =$

⑤ $\dfrac{5}{14} \times \dfrac{7}{20} \times \dfrac{4}{5} =$

⑥ $\dfrac{8}{15} \times 4\dfrac{1}{6} \times \dfrac{2}{3} =$

⑦ $\dfrac{5}{21} \times 2\dfrac{4}{5} \times \dfrac{9}{10} =$

⑧ $\dfrac{13}{28} \times \dfrac{7}{8} \times 2\dfrac{2}{3} =$

⑨ $1\dfrac{2}{9} \times \dfrac{3}{4} \times \dfrac{7}{11} =$

⑩ $2\dfrac{1}{4} \times \dfrac{5}{8} \times \dfrac{6}{7} =$

4 세 분수의 곱셈

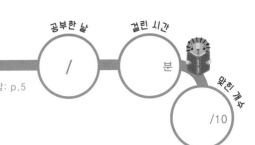
분수의 곱셈을 하세요.

① $\dfrac{2}{3} \times 2\dfrac{5}{8} \times \dfrac{9}{10} =$

② $\dfrac{7}{8} \times 4\dfrac{1}{6} \times 1\dfrac{4}{5} =$

③ $2\dfrac{1}{5} \times \dfrac{1}{7} \times 2\dfrac{1}{3} =$

④ $2\dfrac{6}{11} \times \dfrac{5}{14} \times 2\dfrac{3}{5} =$

⑤ $3\dfrac{1}{4} \times 2\dfrac{3}{10} \times \dfrac{2}{3} =$

⑥ $1\dfrac{2}{3} \times 3\dfrac{1}{9} \times 1\dfrac{4}{5} =$

⑦ $1\dfrac{1}{7} \times 2\dfrac{3}{8} \times 4\dfrac{4}{5} =$

⑧ $2\dfrac{7}{10} \times 2\dfrac{1}{4} \times 1\dfrac{17}{18} =$

⑨ $2\dfrac{2}{13} \times 1\dfrac{4}{21} \times 5\dfrac{3}{5} =$

⑩ $4\dfrac{1}{7} \times 1\dfrac{3}{4} \times 1\dfrac{1}{15} =$

5 세 분수의 곱셈

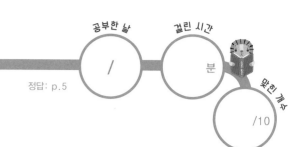

 분수의 곱셈을 하세요.

정답: p.5

① $\dfrac{1}{4} \times \dfrac{1}{13} \times \dfrac{1}{3} =$

⑥ $\dfrac{4}{5} \times \dfrac{2}{3} \times \dfrac{1}{6} =$

② $\dfrac{7}{8} \times \dfrac{5}{12} \times \dfrac{4}{25} =$

⑦ $\dfrac{22}{15} \times \dfrac{1}{4} \times \dfrac{8}{11} =$

③ $\dfrac{3}{10} \times 6\dfrac{1}{4} \times \dfrac{2}{9} =$

⑧ $\dfrac{7}{18} \times 3\dfrac{3}{20} \times \dfrac{2}{3} =$

④ $\dfrac{16}{21} \times \dfrac{7}{12} \times 1\dfrac{11}{13} =$

⑨ $\dfrac{21}{32} \times \dfrac{4}{5} \times 3\dfrac{3}{14} =$

⑤ $1\dfrac{3}{7} \times \dfrac{9}{16} \times \dfrac{4}{5} =$

⑩ $3\dfrac{5}{6} \times \dfrac{1}{12} \times \dfrac{3}{4} =$

6 세 분수의 곱셈

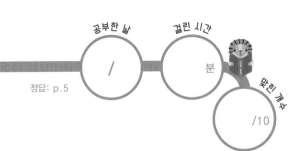

정답: p.5

🦁 분수의 곱셈을 하세요.

① $\dfrac{5}{6} \times 3\dfrac{3}{7} \times \dfrac{14}{25} =$

⑥ $2\dfrac{4}{5} \times 1\dfrac{5}{8} \times 3\dfrac{3}{7} =$

② $\dfrac{2}{5} \times 3\dfrac{1}{7} \times 1\dfrac{16}{33} =$

⑦ $3\dfrac{1}{3} \times 2\dfrac{1}{4} \times 7\dfrac{1}{2} =$

③ $1\dfrac{5}{7} \times \dfrac{1}{3} \times 1\dfrac{5}{23} =$

⑧ $4\dfrac{3}{8} \times 1\dfrac{11}{24} \times 1\dfrac{1}{5} =$

④ $2\dfrac{1}{4} \times 2\dfrac{2}{9} \times \dfrac{1}{4} =$

⑨ $4\dfrac{1}{12} \times 1\dfrac{2}{3} \times 2\dfrac{2}{21} =$

⑤ $3\dfrac{2}{3} \times 2\dfrac{3}{22} \times \dfrac{3}{5} =$

⑩ $6\dfrac{2}{9} \times 1\dfrac{17}{18} \times 1\dfrac{1}{35} =$

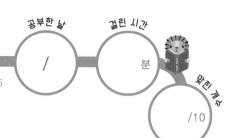
분수의 곱셈을 하세요.

① $\dfrac{1}{6} \times \dfrac{1}{3} \times \dfrac{1}{5} =$

⑥ $\dfrac{5}{8} \times \dfrac{4}{7} \times \dfrac{3}{8} =$

② $\dfrac{21}{16} \times \dfrac{8}{9} \times \dfrac{6}{7} =$

⑦ $\dfrac{9}{20} \times \dfrac{3}{14} \times \dfrac{5}{6} =$

③ $\dfrac{4}{5} \times 4\dfrac{2}{7} \times \dfrac{25}{42} =$

⑧ $\dfrac{5}{8} \times 3\dfrac{1}{3} \times \dfrac{7}{10} =$

④ $\dfrac{9}{14} \times \dfrac{8}{27} \times 2\dfrac{4}{5} =$

⑨ $\dfrac{15}{28} \times \dfrac{4}{9} \times 2\dfrac{7}{16} =$

⑤ $3\dfrac{3}{4} \times \dfrac{5}{6} \times \dfrac{4}{7} =$

⑩ $4\dfrac{1}{2} \times \dfrac{7}{15} \times \dfrac{2}{3} =$

8 세 분수의 곱셈

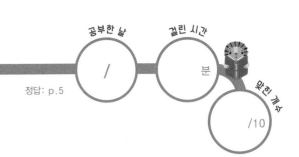

🦁 분수의 곱셈을 하세요.

① $\dfrac{1}{3} \times 4\dfrac{4}{15} \times \dfrac{5}{16} =$

⑥ $1\dfrac{1}{7} \times 1\dfrac{1}{15} \times 6\dfrac{1}{4} =$

② $\dfrac{7}{32} \times 3\dfrac{5}{9} \times 1\dfrac{7}{20} =$

⑦ $1\dfrac{11}{16} \times 1\dfrac{2}{9} \times 1\dfrac{7}{22} =$

③ $4\dfrac{3}{8} \times 1\dfrac{2}{5} \times 2\dfrac{4}{21} =$

⑧ $2\dfrac{1}{15} \times 4\dfrac{4}{11} \times 1\dfrac{5}{6} =$

④ $5\dfrac{5}{6} \times \dfrac{7}{9} \times 1\dfrac{2}{7} =$

⑨ $4\dfrac{2}{3} \times 2\dfrac{3}{7} \times 1\dfrac{2}{7} =$

⑤ $5\dfrac{5}{16} \times 1\dfrac{15}{17} \times \dfrac{7}{11} =$

⑩ $4\dfrac{1}{12} \times 2\dfrac{2}{17} \times 4\dfrac{6}{7} =$

실력 체크

중간 점검

(분수)×(자연수), (자연수)×(분수)

공부한 날	월	일
걸린 시간	분	초
맞힌 개수		/16

정답: p.6

 곱셈을 하세요.

① $\dfrac{1}{2} \times 7 =$

② $\dfrac{12}{17} \times 51 =$

③ $\dfrac{11}{25} \times 10 =$

④ $\dfrac{13}{42} \times 35 =$

⑤ $\dfrac{7}{60} \times 8 =$

⑥ $\dfrac{3}{7} \times 14 =$

⑦ $\dfrac{5}{8} \times 12 =$

⑧ $\dfrac{7}{24} \times 40 =$

⑨ $1\dfrac{4}{27} \times 18 =$

⑩ $2\dfrac{3}{50} \times 8 =$

⑪ $1\dfrac{1}{12} \times 16 =$

⑫ $2\dfrac{2}{9} \times 4 =$

⑬ $3\dfrac{2}{5} \times 35 =$

⑭ $1\dfrac{5}{18} \times 4 =$

⑮ $2\dfrac{11}{15} \times 5 =$

⑯ $1\dfrac{1}{32} \times 12 =$

실력 체크

1-B (분수)×(자연수), (자연수)×(분수)

공부한 날	월	일
걸린 시간	분	초
맞힌 개수		/12

정답: p.6

 곱셈을 하세요.

① $16 \times \dfrac{7}{36} =$

② $12 \times \dfrac{2}{35} =$

③ $24 \times \dfrac{9}{20} =$

④ $8 \times \dfrac{4}{21} =$

⑤ $48 \times \dfrac{3}{28} =$

⑥ $16 \times \dfrac{5}{8} =$

⑦ $14 \times 3\dfrac{1}{2} =$

⑧ $6 \times 1\dfrac{3}{4} =$

⑨ $21 \times 1\dfrac{2}{9} =$

⑩ $3 \times 1\dfrac{3}{5} =$

⑪ $16 \times 1\dfrac{5}{12} =$

⑫ $30 \times 2\dfrac{1}{20} =$

2-A 진분수와 가분수의 곱셈

공부한 날	월	일
걸린 시간	분	초
맞힌 개수		/16

정답: p.6

 분수의 곱셈을 하세요.

① $\dfrac{2}{9} \times \dfrac{4}{7} =$

② $\dfrac{13}{36} \times \dfrac{5}{26} =$

③ $\dfrac{4}{35} \times \dfrac{2}{3} =$

④ $\dfrac{9}{16} \times \dfrac{5}{6} =$

⑤ $\dfrac{1}{6} \times \dfrac{1}{18} =$

⑥ $\dfrac{4}{21} \times \dfrac{7}{25} =$

⑦ $\dfrac{14}{27} \times \dfrac{8}{35} =$

⑧ $\dfrac{1}{25} \times \dfrac{1}{3} =$

⑨ $\dfrac{8}{15} \times \dfrac{1}{24} =$

⑩ $\dfrac{1}{3} \times \dfrac{6}{11} =$

⑪ $\dfrac{18}{35} \times \dfrac{10}{27} =$

⑫ $\dfrac{1}{2} \times \dfrac{1}{2} =$

⑬ $\dfrac{3}{10} \times \dfrac{5}{12} =$

⑭ $\dfrac{7}{20} \times \dfrac{5}{9} =$

⑮ $\dfrac{24}{49} \times \dfrac{21}{32} =$

⑯ $\dfrac{11}{14} \times \dfrac{7}{15} =$

2-B 진분수와 가분수의 곱셈

공부한 날	월	일
걸린 시간	분	초
맞힌 개수		/12

정답: p.6

 분수의 곱셈을 하세요.

① $\dfrac{9}{5} \times \dfrac{13}{8} =$

② $\dfrac{4}{3} \times \dfrac{9}{7} =$

③ $\dfrac{7}{24} \times \dfrac{48}{7} =$

④ $\dfrac{49}{30} \times \dfrac{5}{7} =$

⑤ $\dfrac{25}{21} \times \dfrac{28}{5} =$

⑥ $\dfrac{27}{16} \times \dfrac{8}{3} =$

⑦ $\dfrac{18}{13} \times \dfrac{9}{4} =$

⑧ $\dfrac{17}{10} \times \dfrac{15}{4} =$

⑨ $\dfrac{7}{2} \times \dfrac{9}{4} =$

⑩ $\dfrac{15}{7} \times \dfrac{4}{3} =$

⑪ $\dfrac{12}{35} \times \dfrac{25}{16} =$

⑫ $\dfrac{56}{48} \times \dfrac{21}{8} =$

실력 체크

3-A

대분수가 있는 분수의 곱셈

공부한 날   월   일

걸린 시간   분   초

맞힌 개수   /16

정답: p.7

분수의 곱셈을 하세요.

① $\dfrac{1}{2} \times 2\dfrac{3}{10} =$

② $\dfrac{5}{24} \times 1\dfrac{3}{5} =$

③ $\dfrac{5}{6} \times 5\dfrac{1}{7} =$

④ $\dfrac{13}{8} \times 1\dfrac{2}{3} =$

⑤ $\dfrac{5}{9} \times 1\dfrac{3}{4} =$

⑥ $\dfrac{1}{18} \times 1\dfrac{7}{8} =$

⑦ $\dfrac{21}{20} \times 4\dfrac{2}{7} =$

⑧ $\dfrac{1}{14} \times 4\dfrac{8}{13} =$

⑨ $\dfrac{10}{13} \times 2\dfrac{3}{5} =$

⑩ $\dfrac{1}{9} \times 5\dfrac{2}{5} =$

⑪ $\dfrac{54}{35} \times 10\dfrac{1}{2} =$

⑫ $\dfrac{4}{21} \times 3\dfrac{8}{9} =$

⑬ $\dfrac{9}{10} \times 1\dfrac{5}{24} =$

⑭ $\dfrac{4}{3} \times 2\dfrac{2}{5} =$

⑮ $\dfrac{17}{30} \times 2\dfrac{1}{2} =$

⑯ $\dfrac{11}{54} \times 2\dfrac{4}{7}$

3-B 대분수가 있는 분수의 곱셈

공부한 날	월	일
걸린 시간	분	초
맞힌 개수		/12

정답: p.7

 분수의 곱셈을 하세요.

① $3\dfrac{4}{5} \times 1\dfrac{12}{13} =$

② $2\dfrac{2}{17} \times 2\dfrac{5}{12} =$

③ $2\dfrac{11}{20} \times 1\dfrac{8}{17} =$

④ $3\dfrac{3}{14} \times 1\dfrac{4}{15} =$

⑤ $1\dfrac{7}{8} \times 3\dfrac{5}{9} =$

⑥ $4\dfrac{2}{5} \times 2\dfrac{1}{12} =$

⑦ $5\dfrac{1}{4} \times 1\dfrac{3}{14} =$

⑧ $1\dfrac{9}{10} \times 4\dfrac{1}{6} =$

⑨ $4\dfrac{1}{6} \times 2\dfrac{3}{5} =$

⑩ $9\dfrac{1}{7} \times 2\dfrac{7}{8} =$

⑪ $2\dfrac{4}{33} \times 1\dfrac{7}{10} =$

⑫ $2\dfrac{5}{11} \times 3\dfrac{2}{3} =$

공부한 날	월	일
걸린 시간	분	초
맞힌 개수		/10

정답: p.7

 분수의 곱셈을 하세요.

① $\dfrac{7}{2} \times \dfrac{4}{5} \times \dfrac{2}{3} =$

⑥ $3\dfrac{2}{3} \times \dfrac{11}{15} \times \dfrac{9}{22} =$

② $\dfrac{4}{15} \times \dfrac{3}{16} \times \dfrac{6}{7} =$

⑦ $\dfrac{4}{9} \times 1\dfrac{5}{12} \times \dfrac{2}{5} =$

③ $\dfrac{1}{5} \times \dfrac{1}{12} \times \dfrac{1}{2} =$

⑧ $\dfrac{5}{14} \times 2\dfrac{4}{5} \times \dfrac{7}{18} =$

④ $\dfrac{7}{10} \times \dfrac{4}{7} \times \dfrac{5}{13} =$

⑨ $3\dfrac{3}{7} \times \dfrac{7}{10} \times \dfrac{2}{3} =$

⑤ $\dfrac{10}{21} \times \dfrac{4}{27} \times \dfrac{9}{20} =$

⑩ $\dfrac{20}{27} \times \dfrac{3}{5} \times 6\dfrac{1}{4} =$

실력 체크

4-B 세 분수의 곱셈

공부한 날	월	일
걸린 시간	분	초
맞힌 개수		/10

정답 : p.7

 분수의 곱셈을 하세요.

① $7\dfrac{1}{2} \times \dfrac{1}{6} \times \dfrac{1}{3} =$

⑥ $1\dfrac{7}{29} \times 2\dfrac{3}{7} \times 1\dfrac{17}{60} =$

② $1\dfrac{5}{7} \times \dfrac{3}{4} \times 2\dfrac{4}{5} =$

⑦ $1\dfrac{1}{3} \times 1\dfrac{1}{10} \times 1\dfrac{1}{5} =$

③ $\dfrac{4}{19} \times 2\dfrac{1}{6} \times 1\dfrac{6}{13} =$

⑧ $3\dfrac{3}{8} \times 2\dfrac{2}{9} \times 3\dfrac{1}{2} =$

④ $\dfrac{3}{8} \times 2\dfrac{8}{21} \times 3\dfrac{1}{5} =$

⑨ $2\dfrac{5}{8} \times 6\dfrac{3}{10} \times 1\dfrac{4}{21} =$

⑤ $5\dfrac{1}{10} \times 1\dfrac{11}{14} \times 2\dfrac{1}{3} =$

⑩ $4\dfrac{2}{7} \times 1\dfrac{2}{9} \times 3\dfrac{4}{15} =$

두 분수와 자연수의 곱셈

✏️ 두 분수와 자연수의 곱셈

자연수 ●는 $\dfrac{●}{1}$ 라 할 수 있으므로 자연수는 분자에 곱해야 해요.

대분수가 있으면 대분수를 가분수로 고친 후 약분하여 계산해요.

두 분수와 자연수의 곱셈 (1)

$$\frac{\overset{1}{\cancel{4}}}{\underset{1}{5}} \times 3 \times \frac{\overset{1}{\cancel{5}}}{\underset{2}{8}} = \frac{3}{2} = 1\frac{1}{2}$$

두 분수와 자연수의 곱셈 (2)

$$1\frac{1}{5} \times 2 \times \frac{2}{3} = \frac{\overset{2}{\cancel{6}}}{5} \times 2 \times \frac{2}{\underset{1}{\cancel{3}}} = \frac{8}{5} = 1\frac{3}{5}$$

하나. 두 분수와 자연수의 곱셈을 공부합니다.

둘. 자연수와 분자를 약분하지 않도록 주의합니다.

두 분수와 자연수의 곱셈

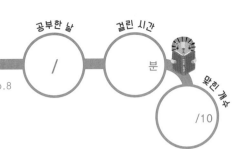

🦁 곱셈을 하세요.

① $6 \times \dfrac{3}{8} \times \dfrac{1}{5} =$

⑥ $\dfrac{1}{2} \times 12 \times \dfrac{2}{3} =$

② $8 \times \dfrac{1}{3} \times \dfrac{4}{9} =$

⑦ $\dfrac{5}{6} \times 20 \times \dfrac{4}{5} =$

③ $9 \times \dfrac{5}{16} \times \dfrac{8}{3} =$

⑧ $\dfrac{9}{8} \times 16 \times \dfrac{5}{9} =$

④ $12 \times \dfrac{9}{4} \times \dfrac{7}{15} =$

⑨ $\dfrac{3}{10} \times 21 \times \dfrac{12}{7} =$

⑤ $\dfrac{2}{9} \times \dfrac{5}{8} \times 15 =$

⑩ $\dfrac{35}{12} \times \dfrac{26}{21} \times 7 =$

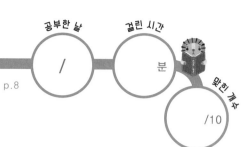
 곱셈을 하세요.

① $4 \times 1\dfrac{1}{2} \times \dfrac{1}{8} =$

⑥ $\dfrac{16}{15} \times 6 \times 5\dfrac{1}{4} =$

② $15 \times 1\dfrac{4}{5} \times 2\dfrac{1}{6} =$

⑦ $2\dfrac{7}{10} \times 11 \times 3\dfrac{1}{18} =$

③ $10 \times \dfrac{2}{5} \times 1\dfrac{3}{14} =$

⑧ $3\dfrac{1}{2} \times 12 \times 3\dfrac{1}{8} =$

④ $21 \times 1\dfrac{7}{8} \times \dfrac{4}{7} =$

⑨ $5\dfrac{5}{8} \times 7 \times 1\dfrac{7}{25} =$

⑤ $1\dfrac{3}{5} \times 6\dfrac{1}{4} \times 3 =$

⑩ $1\dfrac{8}{27} \times \dfrac{16}{7} \times 9 =$

3 두 분수와 자연수의 곱셈

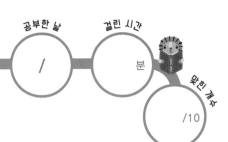

정답: p.8

곱셈을 하세요.

① $5 \times \dfrac{5}{7} \times \dfrac{1}{6} =$

⑥ $\dfrac{2}{5} \times 9 \times \dfrac{4}{3} =$

② $6 \times \dfrac{3}{5} \times \dfrac{15}{8} =$

⑦ $\dfrac{1}{8} \times 10 \times \dfrac{5}{12} =$

③ $12 \times \dfrac{1}{5} \times \dfrac{7}{16} =$

⑧ $\dfrac{7}{10} \times 16 \times \dfrac{8}{21} =$

④ $16 \times \dfrac{14}{9} \times \dfrac{5}{4} =$

⑨ $\dfrac{22}{15} \times 25 \times \dfrac{1}{6} =$

⑤ $\dfrac{3}{2} \times \dfrac{7}{15} \times 18 =$

⑩ $\dfrac{5}{18} \times \dfrac{3}{7} \times 35 =$

4 두 분수와 자연수의 곱셈

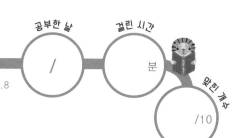

 곱셈을 하세요.

① $5 \times 1\dfrac{3}{7} \times \dfrac{1}{10} =$

⑥ $\dfrac{7}{3} \times 4 \times 2\dfrac{1}{2} =$

② $4 \times 5\dfrac{1}{4} \times 1\dfrac{1}{14} =$

⑦ $1\dfrac{4}{5} \times 10 \times \dfrac{2}{3} =$

③ $9 \times 2\dfrac{2}{5} \times \dfrac{9}{4} =$

⑧ $1\dfrac{2}{13} \times 26 \times 1\dfrac{1}{9} =$

④ $12 \times 2\dfrac{4}{25} \times 2\dfrac{2}{9} =$

⑨ $2\dfrac{5}{8} \times 14 \times 1\dfrac{2}{7} =$

⑤ $1\dfrac{1}{12} \times 1\dfrac{1}{5} \times 15 =$

⑩ $3\dfrac{3}{10} \times 2\dfrac{1}{22} \times 30 =$

5

두 분수와 자연수의 곱셈

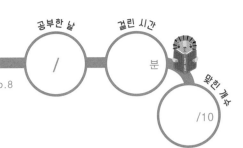

공부한 날

걸린 시간

분

맞힌 개수

/10

정답: p.8

곱셈을 하세요.

① $8 \times \dfrac{1}{4} \times \dfrac{3}{5} =$

⑥ $9 \times \dfrac{7}{3} \times \dfrac{5}{2} =$

② $21 \times \dfrac{5}{16} \times \dfrac{8}{7} =$

⑦ $18 \times \dfrac{21}{8} \times \dfrac{1}{15} =$

③ $\dfrac{2}{7} \times 5 \times \dfrac{5}{6} =$

⑧ $\dfrac{7}{9} \times 8 \times \dfrac{5}{16} =$

④ $\dfrac{25}{12} \times 20 \times \dfrac{7}{10} =$

⑨ $\dfrac{1}{16} \times 12 \times \dfrac{21}{20} =$

⑤ $\dfrac{2}{5} \times \dfrac{1}{9} \times 21 =$

⑩ $\dfrac{7}{24} \times \dfrac{1}{35} \times 16 =$

정답: p.8

🦁 곱셈을 하세요.

① $8 \times 6\dfrac{3}{4} \times \dfrac{5}{7} =$

⑥ $1\dfrac{3}{5} \times 15 \times \dfrac{9}{4} =$

② $10 \times 2\dfrac{1}{6} \times 1\dfrac{5}{9} =$

⑦ $2\dfrac{1}{2} \times 10 \times \dfrac{4}{15} =$

③ $11 \times \dfrac{7}{5} \times 1\dfrac{13}{42} =$

⑧ $4\dfrac{2}{3} \times 6 \times 2\dfrac{1}{14} =$

④ $28 \times 3\dfrac{3}{8} \times 2\dfrac{1}{3} =$

⑨ $5\dfrac{1}{4} \times 20 \times 1\dfrac{9}{28} =$

⑤ $\dfrac{3}{5} \times 1\dfrac{7}{8} \times 4 =$

⑩ $1\dfrac{4}{5} \times 3\dfrac{2}{3} \times 21 =$

7 두 분수와 자연수의 곱셈

정답: p.8

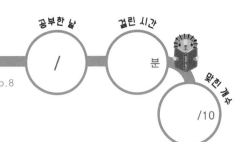

곱셈을 하세요.

① $6 \times \dfrac{5}{8} \times \dfrac{3}{10} =$

⑥ $10 \times \dfrac{16}{15} \times \dfrac{1}{6} =$

② $13 \times \dfrac{1}{5} \times \dfrac{28}{39} =$

⑦ $28 \times \dfrac{10}{7} \times \dfrac{11}{6} =$

③ $\dfrac{5}{3} \times 7 \times \dfrac{1}{14} =$

⑧ $\dfrac{3}{5} \times 15 \times \dfrac{5}{12} =$

④ $\dfrac{1}{12} \times 14 \times \dfrac{4}{21} =$

⑨ $\dfrac{7}{18} \times 9 \times \dfrac{5}{14} =$

⑤ $\dfrac{1}{3} \times \dfrac{3}{8} \times 30 =$

⑩ $\dfrac{2}{5} \times \dfrac{3}{4} \times 24 =$

8 두 분수와 자연수의 곱셈

공부한 날
/
걸린 시간
분
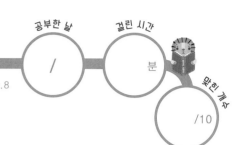
맞힌 개수
/10

정답: p.8

🦁 곱셈을 하세요.

① $6 \times 8\dfrac{1}{4} \times \dfrac{5}{11} =$

⑥ $1\dfrac{7}{20} \times 8 \times \dfrac{2}{9} =$

② $10 \times 2\dfrac{4}{9} \times \dfrac{36}{25} =$

⑦ $2\dfrac{3}{8} \times 5 \times 1\dfrac{7}{25} =$

③ $15 \times 2\dfrac{1}{10} \times 1\dfrac{1}{14} =$

⑧ $4\dfrac{4}{5} \times 9 \times 1\dfrac{3}{4} =$

④ $18 \times 1\dfrac{11}{14} \times 1\dfrac{7}{9} =$

⑨ $4\dfrac{3}{8} \times 12 \times 1\dfrac{4}{7} =$

⑤ $2\dfrac{1}{2} \times \dfrac{7}{5} \times 10 =$

⑩ $2\dfrac{3}{5} \times 2\dfrac{2}{3} \times 10 =$

6 분수를 소수로, 소수를 분수로 나타내기

✏️ 분수를 소수로 나타내기

분수의 분모와 분자에 같은 수를 곱하여 분모가 10, 100, 1000, ……인 분수로 고친 다음 소수로 나타내요.

대분수는 자연수와 진분수의 합으로 나타낸 다음 진분수를 소수로 고쳐서 더해요.

> **분수를 소수로 나타내기**
>
> $$\frac{3}{5} = \frac{3 \times 2}{5 \times 2}$$
> $$= \frac{6}{10} = 0.6$$
>
> $$\frac{2}{25} = \frac{2 \times 4}{25 \times 4}$$
> $$= \frac{8}{100} = 0.08$$
>
> $$2\frac{1}{8} = 2 + \frac{1 \times 125}{8 \times 125}$$
> $$= 2 + \frac{125}{1000}$$
> $$= 2.125$$

✏️ 소수를 분수로 나타내기

소수 한 자리 수는 분모가 10인 분수로, 소수 두 자리 수는 분모가 100인 분수로, 소수 세 자리 수는 분모가 1000인 분수로 고친 다음 약분하여 기약분수로 나타내요.

자연수 부분이 있는 소수는 자연수와 소수의 합으로 나타낸 다음 소수를 기약분수로 나타낸 후 자연수를 더해요.

> **소수를 분수로 나타내기**
>
> $$0.5 = \frac{\overset{1}{\cancel{5}}}{\underset{2}{\cancel{10}}} = \frac{1}{2}$$
>
> $$0.26 = \frac{\overset{13}{\cancel{26}}}{\underset{50}{\cancel{100}}} = \frac{13}{50}$$
>
> $$3.028 = 3 + \frac{\overset{7}{\cancel{28}}}{\underset{250}{\cancel{1000}}} = 3 + \frac{7}{250} = 3\frac{7}{250}$$

하나. 분수를 소수로, 소수를 분수로 나타내는 방법을 공부합니다.

둘. 분수를 소수로 나타낼 때, 분모가 2, 5이면 분모를 10으로, 분모가 4, 20, 25, 50이면 분모를 100으로, 분모가 8, 40, 125, 200, 250, 500이면 분모를 1000으로 바꾸어 소수로 나타냄을 반복을 통해 알게 합니다.

분수를 소수로, 소수를 분수로 나타내세요.

① $\dfrac{1}{2}$ =

② $\dfrac{3}{4}$ =

③ $\dfrac{9}{4}$ =

④ $\dfrac{6}{5}$ =

⑤ $\dfrac{1}{8}$ =

⑥ $\dfrac{19}{10}$ =

⑦ $\dfrac{3}{20}$ =

⑧ $\dfrac{14}{25}$ =

⑨ 0.2 =

⑩ 3.7 =

⑪ 0.42 =

⑫ 0.65 =

⑬ 0.76 =

⑭ 2.25 =

⑮ 0.625 =

⑯ 3.125 =

2 분수를 소수로, 소수를 분수로 나타내기

공부한 날

/

걸린 시간

분

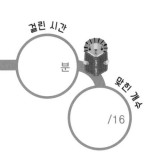

맞힌 개수

/16

정답 : p.9

분수를 소수로, 소수를 분수로 나타내세요.

① $\dfrac{4}{25} =$

② $\dfrac{3}{8} =$

③ $\dfrac{7}{10} =$

④ $\dfrac{1}{4} =$

⑤ $\dfrac{9}{20} =$

⑥ $3\dfrac{3}{5} =$

⑦ $2\dfrac{7}{8} =$

⑧ $3\dfrac{1}{2} =$

⑨ $0.24 =$

⑩ $0.75 =$

⑪ $0.9 =$

⑫ $3.625 =$

⑬ $2.1 =$

⑭ $3.85 =$

⑮ $0.68 =$

⑯ $0.875 =$

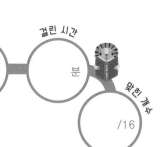
분수를 소수로, 소수를 분수로 나타내세요.

① $\dfrac{7}{4} =$

② $\dfrac{2}{5} =$

③ $\dfrac{5}{8} =$

④ $\dfrac{17}{8} =$

⑤ $\dfrac{3}{10} =$

⑥ $\dfrac{11}{20} =$

⑦ $\dfrac{26}{25} =$

⑧ $\dfrac{1}{50} =$

⑨ $0.6 =$

⑩ $4.8 =$

⑪ $0.26 =$

⑫ $0.72 =$

⑬ $0.87 =$

⑭ $3.55 =$

⑮ $0.108 =$

⑯ $2.375 =$

4 분수를 소수로, 소수를 분수로 나타내기

공부한 날

걸린 시간

/

분

정답: p.9

맞힌 개수

/16

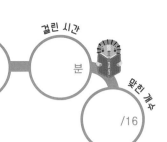

분수를 소수로, 소수를 분수로 나타내세요.

① $\dfrac{9}{10} =$

② $\dfrac{4}{5} =$

③ $\dfrac{1}{8} =$

④ $\dfrac{29}{40} =$

⑤ $\dfrac{17}{20} =$

⑥ $3\dfrac{12}{25} =$

⑦ $3\dfrac{3}{4} =$

⑧ $2\dfrac{7}{50} =$

⑨ $0.35 =$

⑩ $1.79 =$

⑪ $3.1 =$

⑫ $0.64 =$

⑬ $4.22 =$

⑭ $3.526 =$

⑮ $0.4 =$

⑯ $0.192 =$

5

분수를 소수로, 소수를 분수로 나타내기

공부한 날

걸린 시간

/

분

맞힌 개수

/16

정답: p.9

분수를 소수로, 소수를 분수로 나타내세요.

① $\dfrac{3}{5}=$

② $\dfrac{19}{20}=$

③ $\dfrac{21}{40}=$

④ $\dfrac{83}{100}=$

⑤ $\dfrac{11}{8}=$

⑥ $\dfrac{8}{25}=$

⑦ $\dfrac{143}{50}=$

⑧ $\dfrac{204}{125}=$

⑨ $2.5=$

⑩ $0.94=$

⑪ $4.06=$

⑫ $0.875=$

⑬ $0.37=$

⑭ $3.15=$

⑮ $0.028=$

⑯ $5.142=$

 분수를 소수로, 소수를 분수로 나타내세요.

① $\dfrac{67}{100} =$

② $\dfrac{29}{50} =$

③ $\dfrac{1}{20} =$

④ $\dfrac{17}{25} =$

⑤ $\dfrac{54}{125} =$

⑥ $3\dfrac{13}{40} =$

⑦ $4\dfrac{5}{8} =$

⑧ $2\dfrac{3}{10} =$

⑨ $4.012 =$

⑩ $3.84 =$

⑪ $0.46 =$

⑫ $0.375 =$

⑬ $5.2 =$

⑭ $6.05 =$

⑮ $0.293 =$

⑯ $0.75 =$

7 분수를 소수로, 소수를 분수로 나타내기

공부한 날
/

걸린 시간
분

맞힌 개수
/16

정답: p.9

 분수를 소수로, 소수를 분수로 나타내세요.

① $\dfrac{9}{5} =$

② $\dfrac{6}{25} =$

③ $\dfrac{63}{100} =$

④ $\dfrac{427}{250} =$

⑤ $\dfrac{43}{20} =$

⑥ $\dfrac{17}{50} =$

⑦ $\dfrac{109}{200} =$

⑧ $\dfrac{21}{1000} =$

⑨ $3.6 =$

⑩ $0.54 =$

⑪ $6.75 =$

⑫ $0.648 =$

⑬ $0.08 =$

⑭ $4.32 =$

⑮ $0.206 =$

⑯ $3.091 =$

분수를 소수로, 소수를 분수로 나타내기

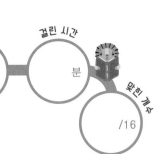
분수를 소수로, 소수를 분수로 나타내세요.

① $\dfrac{123}{250} =$

② $\dfrac{7}{20} =$

③ $\dfrac{367}{500} =$

④ $\dfrac{21}{50} =$

⑤ $\dfrac{819}{1000} =$

⑥ $4\dfrac{59}{200} =$

⑦ $3\dfrac{1}{25} =$

⑧ $2\dfrac{33}{125} =$

⑨ $4.09 =$

⑩ $3.5 =$

⑪ $0.042 =$

⑫ $6.28 =$

⑬ $0.92 =$

⑭ $0.25 =$

⑮ $0.684 =$

⑯ $3.307 =$

(소수)×(자연수), (자연수)×(소수)

✏️ (소수)×(자연수)의 계산

자연수의 곱셈과 같은 방법으로 계산해요.
곱의 소수점은 곱해지는 소수의 소수점의 자리에 맞추어 찍어요.

세로로 계산하기

$$\begin{array}{r} 0.6 \\ \times \quad 9 \\ \hline 5.4 \end{array}$$

$$\begin{array}{r} 0.1\,4 \\ \times \quad\; 1\,2 \\ \hline 2\,8 \\ 1\,4 \quad \\ \hline 1.6\,8 \end{array}$$

✏️ 곱의 소수점의 위치

소수에 10, 100, 1000을 곱하면 곱의 소수점은 곱하는 수의 0의 개수만큼 오른쪽으로 옮겨서 찍고, 자연수에 0.1, 0.01, 0.001을 곱하면 곱의 소수점은 곱하는 수의 소수점 아래 자릿수만큼 왼쪽으로 옮겨서 찍어요.

(소수)×10, 100, 1000

$0.12 \times 10 = 1.2$

$0.12 \times 100 = 12$

$0.12 \times 1000 = 120$

(자연수)×0.1, 0.01, 0.001

$12 \times 0.1 = 1.2$

$12 \times 0.01 = 0.12$

$12 \times 0.001 = 0.012$

하나. 소수와 자연수의 곱셈을 공부합니다.

둘. 곱의 소수점 아래 마지막 0은 생략하여 나타낼 수 있음을 알게 합니다.

셋. 소수에 10, 100, 1000을 곱하는 경우와 자연수에 0.1, 0.01, 0.001을 곱하는 경우의 소수점의 위치 변화의 규칙성을 알게 합니다.

넷. 소수를 분수로 고쳐서 계산하는 방법도 있음을 알게 합니다.

예) $0.6 \times 9 = \dfrac{6}{10} \times 9 = \dfrac{6 \times 9}{10} = \dfrac{54}{10} = 5.4$

(소수)×(자연수), (자연수)×(소수)

곱셈을 하세요.

①
```
      0 . 3
×         8
```

⑤
```
      1 . 2
×         3
```

⑨
```
      2 . 5
×         6
```

②
```
          4
×     3 . 2
```

⑥
```
      2   2
×     4 . 3
```

⑩
```
      5   6
×     2 . 7
```

③
```
    0 . 3   4
×         4   6
```

⑦
```
      2 . 4   2
×           5   8
```

⑪
```
      6 . 7   3
×           1   7
```

④
```
            5
×     1 . 4   8
```

⑧
```
            7
×     3 . 1   4
```

⑫
```
        2   6
×     6 . 8   3
```

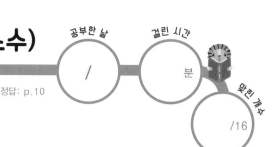
 곱셈을 하세요.

① 0.5 × 10 =

② 3.61 × 100 =

③ 0.724 × 1000 =

④ 3.6 × 4 =

⑤ 0.5 × 15 =

⑥ 4.8 × 7 =

⑦ 2.71 × 43 =

⑧ 0.66 × 38 =

⑨ 73 × 0.1 =

⑩ 206 × 0.01 =

⑪ 523 × 0.001 =

⑫ 8 × 0.4 =

⑬ 37 × 1.6 =

⑭ 25 × 3.9 =

⑮ 19 × 2.82 =

⑯ 32 × 4.59 =

3 (소수)×(자연수), (자연수)×(소수)

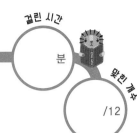

🌻 곱셈을 하세요.

①
```
      0.6
×       7
```

②
```
        5
×     2.8
```

③
```
    0.6 3
×     2 5
```

④
```
        6
×   4.7 2
```

⑤
```
      3.8
×       4
```

⑥
```
      4 1
×     2.7
```

⑦
```
    3.4 6
×     3 7
```

⑧
```
        8
×   5.3 6
```

⑨
```
      4.3
×       6
```

⑩
```
      5 4
×     5.3
```

⑪
```
    6.2 5
×     1 9
```

⑫
```
      3 4
×   7.2 8
```

4 (소수)×(자연수), (자연수)×(소수)

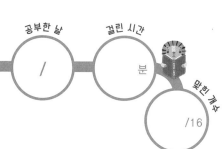

🦁 곱셈을 하세요.

① 1.35 × 10 =

② 4.28 × 100 =

③ 6.527 × 1000 =

④ 5.3 × 29 =

⑤ 0.7 × 3 =

⑥ 6.4 × 6 =

⑦ 4.25 × 31 =

⑧ 0.58 × 47 =

⑨ 237 × 0.1 =

⑩ 489 × 0.01 =

⑪ 543 × 0.001 =

⑫ 9 × 0.5 =

⑬ 14 × 3.2 =

⑭ 43 × 8.5 =

⑮ 35 × 4.67 =

⑯ 28 × 6.41 =

5 (소수)×(자연수), (자연수)×(소수)

공부한 날
/

걸린 시간
분

맞힌 개수
/12

정답: p.10

 곱셈을 하세요.

①
```
    0.8
×     6
```

⑤
```
    5.2
×     4
```

⑨
```
    6.5
×     7
```

②
```
      7
×   5.6
```

⑥
```
     34
×   4.9
```

⑩
```
     73
×   3.8
```

③
```
   0.85
×    32
```

⑦
```
   4.18
×    53
```

⑪
```
   8.09
×    47
```

④
```
      8
×  5.47
```

⑧
```
     17
×  3.64
```

⑫
```
     43
×  6.35
```

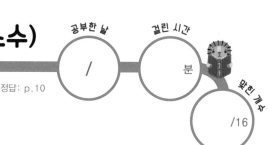
 곱셈을 하세요.

① 0.7 × 10 =

② 2.62 × 100 =

③ 7.83 × 1000 =

④ 0.8 × 29 =

⑤ 3.7 × 6 =

⑥ 7.2 × 14 =

⑦ 0.45 × 57 =

⑧ 6.34 × 18 =

⑨ 82 × 0.1 =

⑩ 639 × 0.01 =

⑪ 45 × 0.001 =

⑫ 8 × 2.3 =

⑬ 51 × 0.7 =

⑭ 23 × 6.4 =

⑮ 34 × 0.62 =

⑯ 42 × 4.78 =

7 (소수)×(자연수), (자연수)×(소수)

공부한 날 / 걸린 시간 분 맞힌 개수 /12

정답: p.10

🦁 곱셈을 하세요.

①
```
      0.9
  ×     8
```

②
```
        8
  ×   4.7
```

③
```
     0.76
  ×    59
```

④
```
        9
  ×   7.64
```

⑤
```
      7.2
  ×     6
```

⑥
```
       53
  ×   6.4
```

⑦
```
     6.35
  ×    43
```

⑧
```
       57
  ×   4.86
```

⑨
```
      8.6
  ×     9
```

⑩
```
       62
  ×   3.8
```

⑪
```
     8.26
  ×    67
```

⑫
```
       88
  ×   5.45
```

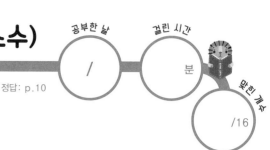

정답: p.10

 곱셈을 하세요.

① $0.08 \times 10 =$

② $2.49 \times 100 =$

③ $4.85 \times 1000 =$

④ $8.3 \times 12 =$

⑤ $0.9 \times 9 =$

⑥ $6.1 \times 37 =$

⑦ $2.62 \times 18 =$

⑧ $0.74 \times 23 =$

⑨ $321 \times 0.1 =$

⑩ $856 \times 0.01 =$

⑪ $97 \times 0.001 =$

⑫ $7 \times 4.3 =$

⑬ $36 \times 0.8 =$

⑭ $21 \times 2.7 =$

⑮ $42 \times 0.92 =$

⑯ $16 \times 6.57 =$

8 (소수)×(소수)

✏️ (소수)×(소수)의 계산

자연수의 곱셈과 같은 방법으로 계산해요.

곱의 소수점의 위치는 곱하는 두 소수의 소수점 아래 자릿수의 합과 같아요.

세로로 계산하기

		0 . 8	← 소수 한 자리 수
×		0 . 4	← 소수 한 자리 수
		0 . 3 2	← 소수 두 자리 수

			1 . 6 3	← 소수 두 자리 수
×			7 . 8	← 소수 한 자리 수
		1	3 0 4	
	1	1	4 1	
	1	2 . 7	1 4	← 소수 세 자리 수

계산의 곱을 먼저 하고 소수점 찍기

$$7 \times 12 = 84 \;\Rightarrow\; 0.7 \times 1.2 = 0.84$$

한 + 한 = 두

$$81 \times 4 = 324 \;\Rightarrow\; 0.81 \times 0.4 = 0.324$$

두 + 한 = 세

하나. 소수의 곱셈을 공부합니다.

둘. 곱하는 두 소수의 소수점 아래 자릿수의 합과 곱의 소수점 아래 자릿수는 같다는 것을 알게 합니다.

셋. 소수의 곱셈은 자연수의 곱셈과 같이 곱하는 순서를 바꾸어도 값은 변하지 않음을 알게 합니다.

넷. 소수를 분수로 고쳐서 계산하는 방법도 있음을 알게 합니다.

예) $0.8 \times 0.4 = \dfrac{8}{10} \times \dfrac{4}{10} = \dfrac{8 \times 4}{10 \times 10} = \dfrac{32}{100} = 0.32$

(소수)×(소수)

 소수의 곱셈을 하세요.

①
```
      0 . 3
×     0 . 5
```

⑤
```
      0 . 6
×     0 . 6
```

⑨
```
    0 . 8 2
×     0 . 4
```

②
```
      0 . 4
×     1 . 8
```

⑥
```
      0 . 5
×     4 . 3
```

⑩
```
      0 . 8
×   0 . 3 6
```

③
```
    0 . 3 5
×   0 . 4 6
```

⑦
```
    0 . 6 4
×   0 . 5 2
```

⑪
```
    0 . 7 5
×     4 . 9
```

④
```
      0 . 4
×   3 . 8 3
```

⑧
```
      0 . 6
×   4 . 3 7
```

⑫
```
    0 . 9 6
×   2 . 5 4
```

2 (소수)×(소수)

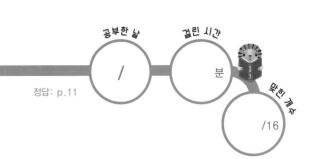
소수의 곱셈을 하세요.

① 0.4 × 0.7 =

② 0.7 × 2.83 =

③ 0.54 × 0.3 =

④ 0.6 × 4.2 =

⑤ 0.48 × 1.62 =

⑥ 0.3 × 6.24 =

⑦ 0.37 × 0.26 =

⑧ 0.92 × 0.7 =

⑨ 0.6 × 0.32 =

⑩ 0.5 × 0.82 =

⑪ 0.05 × 0.9 =

⑫ 0.74 × 6.18 =

⑬ 0.6 × 0.8 =

⑭ 0.7 × 1.9 =

⑮ 0.83 × 0.2 =

⑯ 0.19 × 0.45 =

3 (소수)×(소수)

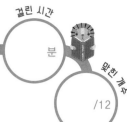

🦁 소수의 곱셈을 하세요.

①
$$\begin{array}{r} 2.4 \\ \times\ 0.6 \\ \hline \end{array}$$

②
$$\begin{array}{r} 1.7 \\ \times\ 4.8 \\ \hline \end{array}$$

③
$$\begin{array}{r} 2.64 \\ \times\ 0.85 \\ \hline \end{array}$$

④
$$\begin{array}{r} 3.2 \\ \times\ 1.89 \\ \hline \end{array}$$

⑤
$$\begin{array}{r} 4.3 \\ \times\ 0.8 \\ \hline \end{array}$$

⑥
$$\begin{array}{r} 3.5 \\ \times\ 2.9 \\ \hline \end{array}$$

⑦
$$\begin{array}{r} 4.92 \\ \times\ 0.23 \\ \hline \end{array}$$

⑧
$$\begin{array}{r} 6.7 \\ \times\ 4.05 \\ \hline \end{array}$$

⑨
$$\begin{array}{r} 5.96 \\ \times\ 0.4 \\ \hline \end{array}$$

⑩
$$\begin{array}{r} 6.2 \\ \times\ 0.46 \\ \hline \end{array}$$

⑪
$$\begin{array}{r} 5.16 \\ \times\ 3.8 \\ \hline \end{array}$$

⑫
$$\begin{array}{r} 7.24 \\ \times\ 2.84 \\ \hline \end{array}$$

4 (소수)×(소수)

 소수의 곱셈을 하세요.

① 4.2 × 0.5 =

② 5.5 × 0.59 =

③ 3.1 × 4.8 =

④ 6.24 × 0.6 =

⑤ 1.3 × 3.74 =

⑥ 4.8 × 2.6 =

⑦ 2.6 × 8.39 =

⑧ 6.22 × 0.37 =

⑨ 2.17 × 6.4 =

⑩ 3.95 × 0.43 =

⑪ 7.46 × 0.8 =

⑫ 8.34 × 0.16 =

⑬ 7.2 × 0.36 =

⑭ 5.84 × 4.7 =

⑮ 4.02 × 1.91 =

⑯ 5.6 × 0.7 =

5 (소수)×(소수)

🦁 소수의 곱셈을 하세요.

①
```
      0 . 5 7
×       0 . 6
```

②
```
        0 . 7
×     0 . 5 8
```

③
```
      0 . 4 5
×       3 . 5
```

④
```
        0 . 6
×     4 . 5 2
```

⑤
```
      0 . 7 6
×       0 . 9
```

⑥
```
        0 . 8
×     0 . 7 9
```

⑦
```
      0 . 6 4
×       5 . 7
```

⑧
```
      0 . 7 8
×     5 . 8 3
```

⑨
```
        0 . 9
×       0 . 8
```

⑩
```
        0 . 9
×       4 . 3
```

⑪
```
      0 . 8 9
×     0 . 1 6
```

⑫
```
      0 . 8 4
×     6 . 3 5
```

6 (소수)×(소수)

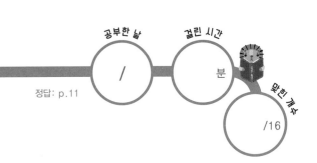

정답: p.11

🦁 소수의 곱셈을 하세요.

① 0.71 × 0.6 =

② 0.58 × 0.89 =

③ 0.8 × 0.7 =

④ 0.74 × 8.3 =

⑤ 0.6 × 0.9 =

⑥ 0.08 × 5.24 =

⑦ 0.5 × 9.6 =

⑧ 0.8 × 0.84 =

⑨ 0.66 × 7.8 =

⑩ 0.52 × 0.9 =

⑪ 0.76 × 0.37 =

⑫ 0.63 × 7.96 =

⑬ 0.7 × 0.92 =

⑭ 0.4 × 8.13 =

⑮ 0.32 × 6.57 =

⑯ 0.9 × 4.82 =

7 (소수)×(소수)

🦁 소수의 곱셈을 하세요.

①
```
      5 . 2 6
×       0 . 7
```

②
```
      3 . 4 8
×       3 . 5
```

③
```
        4 . 9
×     0 . 2 6
```

④
```
        6 . 1
×     3 . 2 8
```

⑤
```
      6 . 8 3
×       0 . 9
```

⑥
```
      6 . 5 7
×       4 . 3
```

⑦
```
        7 . 2
×     0 . 5 8
```

⑧
```
      8 . 3 5
×     4 . 7 5
```

⑨
```
      1 3 . 4
×       0 . 6
```

⑩
```
        9 . 6
×       5 . 7
```

⑪
```
    1 5 . 0 9
×     0 . 6 3
```

⑫
```
    1 9 . 5 6
×     3 . 8 2
```

8 (소수)×(소수)

정답: p.11

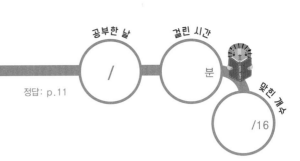

소수의 곱셈을 하세요.

① 5.4 × 0.83 =

② 19.8 × 0.24 =

③ 8.4 × 0.7 =

④ 5.85 × 0.74 =

⑤ 2.05 × 6.3 =

⑥ 6.1 × 4.9 =

⑦ 27.8 × 2.8 =

⑧ 8.19 × 0.75 =

⑨ 6.32 × 0.6 =

⑩ 21.64 × 0.43 =

⑪ 8.7 × 2.46 =

⑫ 13.82 × 3.7 =

⑬ 18.46 × 0.8 =

⑭ 15.9 × 3.97 =

⑮ 22.7 × 0.5 =

⑯ 5.42 × 1.13 =

실력 체크

최종 점검

5-A 두 분수와 자연수의 곱셈

공부한 날	월	일
걸린 시간	분	초
맞힌 개수		/10

정답: p.12

 곱셈을 하세요.

① $16 \times \dfrac{1}{3} \times \dfrac{5}{8} =$

⑥ $\dfrac{3}{22} \times 11 \times \dfrac{5}{12} =$

② $\dfrac{2}{3} \times 10 \times \dfrac{4}{5} =$

⑦ $3 \times \dfrac{1}{5} \times \dfrac{1}{18} =$

③ $\dfrac{2}{5} \times 24 \times \dfrac{15}{4} =$

⑧ $25 \times \dfrac{5}{3} \times \dfrac{21}{20} =$

④ $9 \times \dfrac{5}{16} \times \dfrac{4}{3} =$

⑨ $\dfrac{3}{2} \times 15 \times \dfrac{1}{5} =$

⑤ $\dfrac{2}{3} \times \dfrac{1}{4} \times 11 =$

⑩ $\dfrac{11}{10} \times \dfrac{6}{55} \times 12 =$

5-B 두 분수와 자연수의 곱셈

공부한 날	월	일
걸린 시간	분	초
맞힌 개수		/10

정답: p.12

 곱셈을 하세요.

① $3\dfrac{3}{8} \times 9 \times 1\dfrac{11}{45} =$

⑥ $4 \times 1\dfrac{1}{2} \times \dfrac{3}{8} =$

② $11 \times 1\dfrac{2}{33} \times 1\dfrac{1}{7} =$

⑦ $6 \times 1\dfrac{2}{25} \times \dfrac{20}{9} =$

③ $1\dfrac{2}{3} \times 18 \times 5\dfrac{2}{5} =$

⑧ $\dfrac{5}{14} \times 2 \times 1\dfrac{1}{6} =$

④ $2\dfrac{1}{10} \times 15 \times 1\dfrac{5}{6} =$

⑨ $3 \times 1\dfrac{3}{5} \times \dfrac{1}{4} =$

⑤ $\dfrac{5}{2} \times 12 \times 2\dfrac{1}{5} =$

⑩ $6\dfrac{3}{10} \times 1\dfrac{1}{14} \times 15 =$

실력 체크

6-A 분수를 소수로, 소수를 분수로 나타내기

공부한 날	월	일
걸린 시간	분	초
맞힌 개수		/16

정답: p.12

 분수를 소수로, 소수를 분수로 나타내세요.

① $\dfrac{13}{40} =$

② $\dfrac{74}{125} =$

③ $\dfrac{69}{50} =$

④ $\dfrac{7}{8} =$

⑤ $\dfrac{1}{5} =$

⑥ $\dfrac{42}{25} =$

⑦ $\dfrac{3}{4} =$

⑧ $\dfrac{521}{500} =$

⑨ $4.7 =$

⑩ $0.66 =$

⑪ $3.91 =$

⑫ $0.124 =$

⑬ $0.85 =$

⑭ $2.072 =$

⑮ $0.625 =$

⑯ $0.4 =$

6-B 분수를 소수로, 소수를 분수로 나타내기

정답: p.12

 분수를 소수로, 소수를 분수로 나타내세요.

① $\dfrac{27}{40} =$

② $\dfrac{69}{200} =$

③ $\dfrac{93}{250} =$

④ $\dfrac{7}{10} =$

⑤ $4\dfrac{1}{20} =$

⑥ $5\dfrac{19}{100} =$

⑦ $6\dfrac{1}{2} =$

⑧ $0.03 =$

⑨ $4.25 =$

⑩ $2.6 =$

⑪ $0.375 =$

⑫ $0.86 =$

⑬ $3.008 =$

⑭ $0.749 =$

실력 체크

7-A (소수)×(자연수), (자연수)×(소수)

공부한 날	월	일
걸린 시간	분	초
맞힌 개수		/12

정답: p.13

 곱셈을 하세요.

①
```
      0.7
×       5
```

⑤
```
      8.4
×       7
```

⑨
```
      3.9
×       6
```

②
```
        4
×     4.8
```

⑥
```
       8 2
×      1.9
```

⑩
```
       5 6
×      7.3
```

③
```
     5.2 3
×       4 4
```

⑦
```
     7.6 4
×       5 3
```

⑪
```
     0.8 5
×       3 7
```

④
```
        7
×     3.4 9
```

⑧
```
       9 1
×     6.5 7
```

⑫
```
       6 3
×     2.9 8
```

7-B (소수)×(자연수), (자연수)×(소수)

공부한 날	월	일
걸린 시간	분	초
맞힌 개수		/14

정답: p.13

 곱셈을 하세요.

① $6.25 \times 1000 =$

② $12.8 \times 100 =$

③ $0.06 \times 10 =$

④ $7.6 \times 4 =$

⑤ $5.8 \times 25 =$

⑥ $0.84 \times 17 =$

⑦ $6.03 \times 56 =$

⑧ $7.4 \times 0.1 =$

⑨ $596 \times 0.001 =$

⑩ $913 \times 0.01 =$

⑪ $8 \times 0.7 =$

⑫ $39 \times 6.5 =$

⑬ $58 \times 0.96 =$

⑭ $42 \times 4.72 =$

8-A (소수)×(소수)

정답: p.13

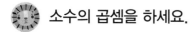 소수의 곱셈을 하세요.

①
```
      0.7
×     0.7
```

②
```
      0.9
×   0.63
```

③
```
   34.73
×   0.24
```

④
```
   16.51
×   2.37
```

⑤
```
     12.6
×    0.08
```

⑥
```
     28.3
×     4.7
```

⑦
```
     1.35
×     9.5
```

⑧
```
     8.79
×    6.18
```

⑨
```
     5.81
×     0.6
```

⑩
```
      0.4
×    0.95
```

⑪
```
     0.27
×    0.14
```

⑫
```
      4.6
×    8.94
```

8-B (소수)×(소수)

공부한 날	월	일
걸린 시간	분	초
맞힌 개수		/14

정답: p.13

 소수의 곱셈을 하세요.

① 0.2 × 0.9 =

② 0.39 × 0.6 =

③ 0.8 × 3.46 =

④ 32.3 × 0.4 =

⑤ 0.7 × 0.96 =

⑥ 8.14 × 0.3 =

⑦ 0.58 × 7.4 =

⑧ 0.6 × 7.3 =

⑨ 2.06 × 3.29 =

⑩ 4.5 × 0.81 =

⑪ 15.69 × 6.2 =

⑫ 6.87 × 0.24 =

⑬ 7.83 × 0.67 =

⑭ 5.6 × 3.9 =

Memo

Memo

Memo

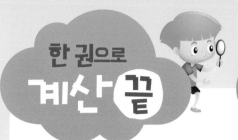

학 습 구 성

기초수학 초등 1학년

1권	자연수의 덧셈과 뺄셈 기본	2권	자연수의 덧셈과 뺄셈 초급
1	9까지의 수 가르기와 모으기	1	(몇십)+(몇), (몇)+(몇십)
2	합이 9까지인 수의 덧셈	2	(몇십몇)+(몇), (몇)+(몇십몇)
3	차가 9까지인 수의 뺄셈	3	(몇십몇)−(몇)
4	덧셈과 뺄셈의 관계	4	(몇십)±(몇십)
5	두 수를 바꾸어 더하기	5	(몇십몇)±(몇십몇)
6	10 가르기와 모으기	6	한 자리 수인 세 수의 덧셈과 뺄셈
7	10이 되는 덧셈, 10에서 빼는 뺄셈	7	받아올림이 있는 (몇)+(몇)
8	두 수의 합이 10인 세 수의 덧셈	8	받아내림이 있는 (십몇)−(몇)

기초수학 초등 2학년

3권	자연수의 덧셈과 뺄셈 중급	4권	곱셈구구
1	받아올림이 있는 (두 자리 수)+(한 자리 수)	1	같은 수를 여러 번 더하기
2	받아내림이 있는 (두 자리 수)−(한 자리 수)	2	2의 단, 5의 단, 4의 단 곱셈구구
3	받아올림이 한 번 있는 (두 자리 수)+(두 자리 수)	3	2의 단, 3의 단, 6의 단 곱셈구구
4	받아올림이 두 번 있는 (두 자리 수)+(두 자리 수)	4	3의 단, 6의 단, 4의 단 곱셈구구
5	받아내림이 있는 (두 자리 수)−(두 자리 수)	5	4의 단, 8의 단, 6의 단 곱셈구구
6	(두 자리 수)±(두 자리 수)	6	5의 단, 7의 단, 9의 단 곱셈구구
7	(세 자리 수)±(두 자리 수)	7	7의 단, 8의 단, 9의 단 곱셈구구
8	두 자리 수인 세 수의 덧셈과 뺄셈	8	곱셈구구

기초수학 초등 3학년

5권	자연수의 덧셈과 뺄셈 고급 / 자연수의 곱셈과 나눗셈 초급	6권	자연수의 곱셈과 나눗셈 중급
1	받아올림이 없거나 한 번 있는 (세 자리 수)+(세 자리 수)	1	(세 자리 수)×(한 자리 수)
2	연속으로 받아올림이 있는 (세 자리 수)+(세 자리 수)	2	(몇십)×(몇십), (몇십)×(몇십몇)
3	받아내림이 없거나 한 번 있는 (세 자리 수)−(세 자리 수)	3	(몇십몇)×(몇십), (몇십몇)×(몇십몇)
4	연속으로 받아내림이 있는 (세 자리 수)−(세 자리 수)	4	내림이 없는 (몇십몇)÷(몇)
5	곱셈과 나눗셈의 관계	5	내림이 있는 (몇십몇)÷(몇)
6	곱셈구구를 이용하거나 세로로 나눗셈의 몫 구하기	6	나누어떨어지지 않는 (몇십몇)÷(몇)
7	올림이 없는 (두 자리 수)×(한 자리 수)	7	나누어떨어지는 (세 자리 수)÷(한 자리 수)
8	일의 자리에서 올림이 있는 (두 자리 수)×(한 자리 수)	8	나누어떨어지지 않는 (세 자리 수)÷(한 자리 수)

계산력 + 두뇌회전 UP!

한 권으로

계산

끝

정답

10

초등수학
5학년 과정

넥서스에듀

계산력 + 두뇌회전 UP!

한 권으로 계산 끝

정답

10

초등수학
5 학년과정

넥서스에듀

(분수)×(자연수), (자연수)×(분수)

1   p.15

① 2
② $1\frac{1}{5}$
③ $1\frac{1}{2}$
④ 6
⑤ $3\frac{3}{4}$
⑥ $2\frac{2}{5}$
⑦ $1\frac{5}{9}$
⑧ $\frac{3}{4}$
⑨ 10
⑩ $11\frac{1}{4}$
⑪ $11\frac{1}{3}$
⑫ $4\frac{2}{9}$
⑬ $14\frac{4}{5}$
⑭ $31\frac{2}{3}$
⑮ $19\frac{7}{8}$
⑯ $66\frac{1}{4}$

2   p.16

① $\frac{2}{3}$
② $1\frac{1}{3}$
③ $2\frac{17}{30}$
④ $5\frac{2}{5}$
⑤ 2
⑥ $11\frac{1}{4}$
⑦ 9
⑧ $1\frac{2}{7}$
⑨ $2\frac{3}{4}$
⑩ 13
⑪ $9\frac{1}{6}$
⑫ $12\frac{3}{8}$
⑬ $11\frac{1}{3}$
⑭ $19\frac{1}{5}$
⑮ $16\frac{2}{3}$
⑯ $26\frac{1}{4}$

3   p.17

① $4\frac{2}{3}$
② 3
③ $1\frac{2}{3}$
④ 4
⑤ $2\frac{1}{2}$
⑥ $\frac{9}{10}$
⑦ $4\frac{3}{8}$
⑧ $2\frac{2}{5}$
⑨ $5\frac{1}{7}$
⑩ $14\frac{2}{3}$
⑪ $3\frac{1}{4}$
⑫ $23\frac{1}{4}$
⑬ 44
⑭ $19\frac{1}{2}$
⑮ $51\frac{3}{4}$
⑯ $30\frac{4}{5}$

4   p.18

① $\frac{3}{5}$
② $3\frac{1}{2}$
③ $5\frac{7}{9}$
④ $6\frac{1}{4}$
⑤ 6
⑥ $3\frac{3}{4}$
⑦ 4
⑧ $1\frac{4}{5}$
⑨ $12\frac{6}{7}$
⑩ $15\frac{3}{4}$
⑪ $15\frac{5}{9}$
⑫ $17\frac{1}{2}$
⑬ $16\frac{1}{2}$
⑭ $40\frac{2}{3}$
⑮ 32
⑯ $31\frac{1}{2}$

5   p.19

① 6
② 6
③ $12\frac{4}{9}$
④ $1\frac{1}{5}$
⑤ $\frac{3}{4}$
⑥ $4\frac{10}{11}$
⑦ $2\frac{1}{12}$
⑧ $2\frac{1}{45}$
⑨ $4\frac{2}{3}$
⑩ $11\frac{2}{3}$
⑪ $20\frac{4}{5}$
⑫ 37
⑬ $8\frac{1}{2}$
⑭ $15\frac{2}{3}$
⑮ $11\frac{3}{7}$
⑯ $34\frac{1}{3}$

6   p.20

① $1\frac{1}{3}$
② $6\frac{1}{2}$
③ $\frac{3}{7}$
④ $1\frac{11}{25}$
⑤ 10
⑥ $18\frac{3}{4}$
⑦ $5\frac{1}{4}$
⑧ 9
⑨ $6\frac{2}{3}$
⑩ $13\frac{5}{7}$
⑪ $6\frac{1}{2}$
⑫ $9\frac{1}{5}$
⑬ $11\frac{7}{8}$
⑭ 40
⑮ $43\frac{1}{6}$
⑯ $31\frac{1}{3}$

7   p.21

① $2\frac{2}{5}$
② 12
③ $3\frac{1}{3}$
④ $2\frac{3}{16}$
⑤ 20
⑥ $\frac{4}{5}$
⑦ $3\frac{3}{4}$
⑧ $7\frac{2}{9}$
⑨ 42
⑩ $38\frac{3}{4}$
⑪ $20\frac{4}{9}$
⑫ $8\frac{1}{4}$
⑬ $22\frac{2}{3}$
⑭ $11\frac{1}{10}$
⑮ $6\frac{3}{4}$
⑯ $16\frac{2}{5}$

8   p.22

① $\frac{3}{4}$
② $1\frac{1}{14}$
③ $4\frac{9}{10}$
④ $1\frac{1}{8}$
⑤ $10\frac{5}{12}$
⑥ 21
⑦ 14
⑧ $8\frac{2}{5}$
⑨ $8\frac{2}{7}$
⑩ $18\frac{2}{5}$
⑪ 34
⑫ $15\frac{3}{7}$
⑬ $33\frac{3}{4}$
⑭ $34\frac{1}{2}$
⑮ $33\frac{3}{5}$
⑯ $46\frac{2}{3}$

2 진분수와 가분수의 곱셈

1　p.24

① $\frac{1}{12}$　⑤ $\frac{1}{3}$　⑨ $\frac{6}{35}$　⑬ $\frac{7}{15}$

② $\frac{1}{5}$　⑥ $\frac{1}{54}$　⑩ $\frac{1}{6}$　⑭ $\frac{4}{15}$

③ $\frac{3}{14}$　⑦ $\frac{5}{16}$　⑪ $\frac{2}{15}$　⑮ $\frac{28}{75}$

④ $\frac{1}{40}$　⑧ $\frac{1}{28}$　⑫ $\frac{3}{10}$　⑯ $\frac{10}{189}$

2　p.25

① $1\frac{7}{8}$　⑤ 10　⑨ $3\frac{1}{3}$　⑬ $2\frac{1}{2}$

② $3\frac{17}{21}$　⑥ $1\frac{7}{8}$　⑩ $3\frac{1}{16}$　⑭ 1

③ $7\frac{1}{3}$　⑦ $6\frac{7}{8}$　⑪ $\frac{9}{10}$　⑮ $4\frac{11}{20}$

④ $1\frac{8}{27}$　⑧ $1\frac{1}{2}$　⑫ $3\frac{1}{3}$　⑯ $\frac{2}{3}$

3　p.26

① $\frac{1}{24}$　⑤ $\frac{1}{56}$　⑨ $\frac{1}{65}$　⑬ $\frac{35}{198}$

② $\frac{4}{13}$　⑥ $\frac{1}{30}$　⑩ $\frac{1}{10}$　⑭ $\frac{9}{40}$

③ $\frac{2}{3}$　⑦ $\frac{5}{9}$　⑪ $\frac{8}{135}$　⑮ $\frac{15}{44}$

④ $\frac{8}{63}$　⑧ $\frac{25}{126}$　⑫ $\frac{3}{34}$　⑯ $\frac{1}{9}$

4　p.27

① $5\frac{5}{6}$　⑤ 15　⑨ 2　⑬ $1\frac{13}{22}$

② $1\frac{1}{8}$　⑥ $4\frac{7}{8}$　⑩ $7\frac{17}{40}$　⑭ $1\frac{1}{4}$

③ $1\frac{11}{21}$　⑦ $4\frac{3}{8}$　⑪ $7\frac{1}{2}$　⑮ $8\frac{1}{10}$

④ $1\frac{1}{24}$　⑧ $2\frac{41}{60}$　⑫ $3\frac{3}{4}$　⑯ $\frac{14}{15}$

5　p.28

① $\frac{4}{15}$　⑤ $\frac{7}{120}$　⑨ $\frac{1}{52}$　⑬ $\frac{13}{64}$

② $\frac{1}{42}$　⑥ $\frac{1}{40}$　⑩ $\frac{32}{63}$　⑭ $\frac{28}{135}$

③ $\frac{1}{150}$　⑦ $\frac{52}{99}$　⑪ $\frac{2}{9}$　⑮ $\frac{3}{7}$

④ $\frac{5}{42}$　⑧ $\frac{1}{36}$　⑫ $\frac{3}{32}$　⑯ $\frac{49}{360}$

6　p.29

① $8\frac{3}{4}$　⑤ 6　⑨ $2\frac{47}{80}$　⑬ $3\frac{7}{27}$

② 12　⑥ $\frac{25}{28}$　⑩ $2\frac{2}{7}$　⑭ $\frac{7}{10}$

③ $3\frac{11}{15}$　⑦ 1　⑪ $6\frac{2}{3}$　⑮ $2\frac{11}{16}$

④ $1\frac{1}{7}$　⑧ $3\frac{6}{23}$　⑫ $\frac{63}{130}$　⑯ $3\frac{5}{21}$

7　p.30

① $\frac{1}{50}$　⑤ $\frac{5}{64}$　⑨ $\frac{1}{63}$　⑬ $\frac{35}{216}$

② $\frac{1}{28}$　⑥ $\frac{5}{96}$　⑩ $\frac{3}{5}$　⑭ $\frac{11}{42}$

③ $\frac{1}{78}$　⑦ $\frac{25}{252}$　⑪ $\frac{16}{63}$　⑮ $\frac{5}{32}$

④ $\frac{9}{80}$　⑧ $\frac{1}{10}$　⑫ $\frac{5}{42}$　⑯ $\frac{25}{192}$

8　p.31

① $3\frac{8}{9}$　⑤ $6\frac{2}{3}$　⑨ $\frac{50}{77}$　⑬ $3\frac{1}{30}$

② $5\frac{1}{18}$　⑥ $2\frac{23}{26}$　⑩ $4\frac{8}{11}$　⑭ $1\frac{11}{38}$

③ 4　⑦ $1\frac{37}{48}$　⑪ $3\frac{3}{4}$　⑮ $1\frac{1}{5}$

④ $\frac{69}{70}$　⑧ $1\frac{19}{50}$　⑫ 15　⑯ $1\frac{7}{9}$

1 — p.33

① $\frac{7}{10}$ ⑤ $5\frac{4}{9}$ ⑨ $\frac{5}{34}$ ⑬ $\frac{3}{7}$

② $1\frac{2}{3}$ ⑥ $\frac{3}{4}$ ⑩ $1\frac{11}{40}$ ⑭ $1\frac{1}{12}$

③ $2\frac{1}{7}$ ⑦ $\frac{13}{14}$ ⑪ $\frac{22}{63}$ ⑮ $2\frac{11}{14}$

④ $\frac{9}{10}$ ⑧ $6\frac{2}{3}$ ⑫ $3\frac{1}{2}$ ⑯ $\frac{13}{15}$

2 — p.34

① $3\frac{11}{15}$ ⑤ $4\frac{1}{5}$ ⑨ $4\frac{7}{20}$ ⑬ $9\frac{4}{5}$

② 5 ⑥ $3\frac{1}{7}$ ⑩ $6\frac{13}{20}$ ⑭ $30\frac{1}{3}$

③ $4\frac{5}{7}$ ⑦ $10\frac{2}{5}$ ⑪ $6\frac{2}{3}$ ⑮ $16\frac{2}{3}$

④ $6\frac{3}{8}$ ⑧ $3\frac{9}{11}$ ⑫ 17 ⑯ $7\frac{1}{2}$

3 — p.35

① $\frac{5}{6}$ ⑤ $12\frac{1}{10}$ ⑨ $2\frac{1}{9}$ ⑬ $2\frac{1}{16}$

② $1\frac{1}{10}$ ⑥ $2\frac{1}{7}$ ⑩ $\frac{1}{8}$ ⑭ $2\frac{1}{3}$

③ $1\frac{3}{8}$ ⑦ $2\frac{2}{3}$ ⑪ $1\frac{5}{18}$ ⑮ $\frac{7}{60}$

④ $3\frac{16}{25}$ ⑧ $\frac{39}{68}$ ⑫ $2\frac{2}{3}$ ⑯ $\frac{11}{30}$

4 — p.36

① $4\frac{8}{9}$ ⑤ $2\frac{11}{12}$ ⑨ $4\frac{1}{12}$ ⑬ $3\frac{3}{5}$

② $4\frac{13}{18}$ ⑥ $4\frac{11}{28}$ ⑩ $7\frac{1}{12}$ ⑭ $5\frac{23}{63}$

③ $1\frac{6}{13}$ ⑦ 6 ⑪ $2\frac{6}{7}$ ⑮ $7\frac{10}{63}$

④ $3\frac{1}{2}$ ⑧ $3\frac{17}{20}$ ⑫ $5\frac{23}{25}$ ⑯ $9\frac{4}{5}$

5 — p.37

① $3\frac{1}{2}$ ⑤ $1\frac{7}{15}$ ⑨ $\frac{11}{12}$ ⑬ $\frac{23}{32}$

② $2\frac{11}{20}$ ⑥ $\frac{2}{23}$ ⑩ $2\frac{2}{9}$ ⑭ $6\frac{2}{9}$

③ $\frac{19}{28}$ ⑦ $\frac{3}{28}$ ⑪ $3\frac{1}{3}$ ⑮ $\frac{19}{50}$

④ $1\frac{11}{32}$ ⑧ $3\frac{1}{2}$ ⑫ $\frac{3}{7}$ ⑯ $\frac{7}{8}$

6 — p.38

① $4\frac{22}{35}$ ⑤ $11\frac{1}{4}$ ⑨ $4\frac{4}{5}$ ⑬ $18\frac{1}{3}$

② $6\frac{4}{15}$ ⑥ $3\frac{1}{3}$ ⑩ $7\frac{3}{16}$ ⑭ $6\frac{1}{4}$

③ $4\frac{55}{84}$ ⑦ $11\frac{1}{9}$ ⑪ $5\frac{1}{9}$ ⑮ $7\frac{11}{34}$

④ 6 ⑧ $6\frac{5}{12}$ ⑫ $11\frac{7}{9}$ ⑯ $8\frac{11}{20}$

7 — p.39

① $4\frac{1}{5}$ ⑤ $\frac{2}{3}$ ⑨ $1\frac{7}{15}$ ⑬ $2\frac{1}{10}$

② $1\frac{1}{4}$ ⑥ $1\frac{13}{36}$ ⑩ $1\frac{7}{9}$ ⑭ $1\frac{6}{7}$

③ $2\frac{52}{55}$ ⑦ $\frac{3}{49}$ ⑪ $6\frac{2}{3}$ ⑮ $1\frac{1}{3}$

④ $\frac{11}{48}$ ⑧ $\frac{35}{144}$ ⑫ $\frac{7}{10}$ ⑯ $\frac{49}{128}$

8 — p.40

① $4\frac{3}{14}$ ⑤ $2\frac{1}{7}$ ⑨ $7\frac{1}{2}$ ⑬ $5\frac{5}{12}$

② $9\frac{9}{10}$ ⑥ $4\frac{3}{8}$ ⑩ $6\frac{1}{4}$ ⑭ $15\frac{1}{8}$

③ $7\frac{1}{5}$ ⑦ $8\frac{5}{42}$ ⑪ $4\frac{1}{5}$ ⑮ $20\frac{1}{4}$

④ $2\frac{8}{9}$ ⑧ $3\frac{23}{32}$ ⑫ 7 ⑯ $5\frac{21}{40}$

세 분수의 곱셈

1 p.42

① $\frac{1}{16}$ ⑤ $\frac{1}{9}$ ⑧ 1

② $\frac{1}{8}$ ⑥ $\frac{10}{11}$ ⑨ $\frac{1}{6}$

③ $\frac{1}{28}$ ⑦ $\frac{7}{20}$ ⑩ $\frac{8}{35}$

④ $1\frac{1}{8}$

2 p.43

① $1\frac{1}{3}$ ⑤ $1\frac{11}{14}$ ⑧ $11\frac{2}{3}$

② $\frac{1}{12}$ ⑥ $6\frac{1}{15}$ ⑨ $4\frac{1}{14}$

③ $2\frac{17}{24}$ ⑦ $6\frac{9}{16}$ ⑩ $17\frac{1}{7}$

④ $2\frac{5}{8}$

3 p.44

① $\frac{1}{126}$ ⑤ $\frac{1}{10}$ ⑧ $1\frac{1}{12}$

② $\frac{1}{18}$ ⑥ $1\frac{13}{27}$ ⑨ $\frac{7}{12}$

③ $\frac{14}{27}$ ⑦ $\frac{3}{5}$ ⑩ $1\frac{23}{112}$

④ $\frac{1}{48}$

4 p.45

① $1\frac{23}{40}$ ⑤ $4\frac{59}{60}$ ⑧ $11\frac{13}{16}$

② $6\frac{9}{16}$ ⑥ $9\frac{1}{3}$ ⑨ $14\frac{14}{39}$

③ $\frac{11}{15}$ ⑦ $13\frac{1}{35}$ ⑩ $7\frac{11}{15}$

④ $2\frac{4}{11}$

5 p.46

① $\frac{1}{156}$ ⑤ $\frac{9}{14}$ ⑧ $\frac{49}{60}$

② $\frac{7}{120}$ ⑥ $\frac{4}{45}$ ⑨ $1\frac{11}{16}$

③ $\frac{5}{12}$ ⑦ $\frac{4}{15}$ ⑩ $\frac{23}{96}$

④ $\frac{32}{39}$

6 p.47

① $1\frac{3}{5}$ ⑤ $4\frac{7}{10}$ ⑧ $7\frac{21}{32}$

② $1\frac{13}{15}$ ⑥ $15\frac{3}{5}$ ⑨ $14\frac{7}{27}$

③ $\frac{16}{23}$ ⑦ $56\frac{1}{4}$ ⑩ $12\frac{4}{9}$

④ $1\frac{1}{4}$

7 p.48

① $\frac{1}{90}$ ⑤ $1\frac{11}{14}$ ⑧ $1\frac{11}{24}$

② 1   ⑥ $\frac{15}{112}$ ⑨ $\frac{65}{112}$

③ $2\frac{2}{49}$ ⑦ $\frac{9}{112}$ ⑩ $1\frac{2}{5}$

④ $\frac{8}{15}$

8 p.49

① $\frac{4}{9}$ ⑤ $6\frac{4}{11}$ ⑧ $16\frac{8}{15}$

② $1\frac{1}{20}$ ⑥ $7\frac{13}{21}$ ⑨ $14\frac{4}{7}$

③ $13\frac{5}{12}$ ⑦ $2\frac{23}{32}$ ⑩ 42

④ $5\frac{5}{6}$

실력 체크 중간 점검 1-4

1-A — p.52

① $3\frac{1}{2}$　⑤ $\frac{14}{15}$　⑨ $20\frac{2}{3}$　⑬ 119

② 36　⑥ 6　⑩ $16\frac{12}{25}$　⑭ $5\frac{1}{9}$

③ $4\frac{2}{5}$　⑦ $7\frac{1}{2}$　⑪ $17\frac{1}{3}$　⑮ $13\frac{2}{3}$

④ $10\frac{5}{6}$　⑧ $11\frac{2}{3}$　⑫ $8\frac{8}{9}$　⑯ $12\frac{3}{8}$

1-B — p.53

① $3\frac{1}{9}$　④ $1\frac{11}{21}$　⑦ 49　⑩ $4\frac{4}{5}$

② $\frac{24}{35}$　⑤ $5\frac{1}{7}$　⑧ $10\frac{1}{2}$　⑪ $22\frac{2}{3}$

③ $10\frac{4}{5}$　⑥ 10　⑨ $25\frac{2}{3}$　⑫ $61\frac{1}{2}$

2-A — p.54

① $\frac{8}{63}$　⑤ $\frac{1}{108}$　⑨ $\frac{1}{45}$　⑬ $\frac{1}{8}$

② $\frac{5}{72}$　⑥ $\frac{4}{75}$　⑩ $\frac{2}{11}$　⑭ $\frac{7}{36}$

③ $\frac{8}{105}$　⑦ $\frac{16}{135}$　⑪ $\frac{4}{21}$　⑮ $\frac{9}{28}$

④ $\frac{15}{32}$　⑧ $\frac{1}{75}$　⑫ $\frac{1}{4}$　⑯ $\frac{11}{30}$

2-B — p.55

① $2\frac{37}{40}$　④ $1\frac{1}{6}$　⑦ $3\frac{3}{26}$　⑩ $2\frac{6}{7}$

② $1\frac{5}{7}$　⑤ $6\frac{2}{3}$　⑧ $6\frac{3}{8}$　⑪ $\frac{15}{28}$

③ 2　⑥ $4\frac{1}{2}$　⑨ $7\frac{7}{8}$　⑫ $3\frac{1}{16}$

① $1\frac{3}{20}$ ⑤ $\frac{35}{36}$ ⑨ 2 ⑬ $1\frac{7}{80}$

② $\frac{1}{3}$ ⑥ $\frac{5}{48}$ ⑩ $\frac{3}{5}$ ⑭ $3\frac{1}{5}$

③ $4\frac{2}{7}$ ⑦ $4\frac{1}{2}$ ⑪ $16\frac{1}{5}$ ⑮ $1\frac{5}{12}$

④ $2\frac{17}{24}$ ⑧ $\frac{30}{91}$ ⑫ $\frac{20}{27}$ ⑯ $\frac{11}{21}$

① $7\frac{4}{13}$ ④ $4\frac{1}{14}$ ⑦ $6\frac{3}{8}$ ⑩ $26\frac{2}{7}$

② $5\frac{2}{17}$ ⑤ $6\frac{2}{3}$ ⑧ $7\frac{11}{12}$ ⑪ $3\frac{20}{33}$

③ $3\frac{3}{4}$ ⑥ $9\frac{1}{6}$ ⑨ $10\frac{5}{6}$ ⑫ 9

① $1\frac{13}{15}$ ⑤ $\frac{2}{63}$ ⑧ $\frac{7}{18}$

② $\frac{3}{70}$ ⑥ $1\frac{1}{10}$ ⑨ $1\frac{3}{5}$

③ $\frac{1}{120}$ ⑦ $\frac{34}{135}$ ⑩ $2\frac{7}{9}$

④ $\frac{2}{13}$

① $\frac{5}{12}$ ⑤ $21\frac{1}{4}$ ⑧ $26\frac{1}{4}$

② $3\frac{3}{5}$ ⑥ $3\frac{126}{145}$ ⑨ $19\frac{11}{16}$

③ $\frac{2}{3}$ ⑦ $1\frac{19}{25}$ ⑩ $17\frac{1}{9}$

④ $2\frac{6}{7}$

두 분수와 자연수의 곱셈

6 분수를 소수로, 소수를 분수로 나타내기

1   p.70

① 0.5   ⑤ 0.125   ⑨ $\frac{1}{5}$ ⑬ $\frac{19}{25}$

② 0.75   ⑥ 1.9   ⑩ $3\frac{7}{10}$ ⑭ $2\frac{1}{4}$

③ 2.25   ⑦ 0.15   ⑪ $\frac{21}{50}$ ⑮ $\frac{5}{8}$

④ 1.2   ⑧ 0.56   ⑫ $\frac{13}{20}$ ⑯ $3\frac{1}{8}$

2   p.71

① 0.16   ⑤ 0.45   ⑨ $\frac{6}{25}$ ⑬ $2\frac{1}{10}$

② 0.375   ⑥ 3.6   ⑩ $\frac{3}{4}$ ⑭ $3\frac{17}{20}$

③ 0.7   ⑦ 2.875   ⑪ $\frac{9}{10}$ ⑮ $\frac{17}{25}$

④ 0.25   ⑧ 3.5   ⑫ $3\frac{5}{8}$ ⑯ $\frac{7}{8}$

3   p.72

① 1.75   ⑤ 0.3   ⑨ $\frac{3}{5}$ ⑬ $\frac{87}{100}$

② 0.4   ⑥ 0.55   ⑩ $4\frac{4}{5}$ ⑭ $3\frac{11}{20}$

③ 0.625   ⑦ 1.04   ⑪ $\frac{13}{50}$ ⑮ $\frac{27}{250}$

④ 2.125   ⑧ 0.02   ⑫ $\frac{18}{25}$ ⑯ $2\frac{3}{8}$

4   p.73

① 0.9   ⑤ 0.85   ⑨ $\frac{7}{20}$ ⑬ $4\frac{11}{50}$

② 0.8   ⑥ 3.48   ⑩ $1\frac{79}{100}$ ⑭ $3\frac{263}{500}$

③ 0.125   ⑦ 3.75   ⑪ $3\frac{1}{10}$ ⑮ $\frac{2}{5}$

④ 0.725   ⑧ 2.14   ⑫ $\frac{16}{25}$ ⑯ $\frac{24}{125}$

5   p.74

① 0.6   ⑤ 1.375   ⑨ $2\frac{1}{2}$ ⑬ $\frac{37}{100}$

② 0.95   ⑥ 0.32   ⑩ $\frac{47}{50}$ ⑭ $3\frac{3}{20}$

③ 0.525   ⑦ 2.86   ⑪ $4\frac{3}{50}$ ⑮ $\frac{7}{250}$

④ 0.83   ⑧ 1.632   ⑫ $\frac{7}{8}$ ⑯ $5\frac{71}{500}$

6   p.75

① 0.67   ⑤ 0.432   ⑨ $4\frac{3}{250}$ ⑬ $5\frac{1}{5}$

② 0.58   ⑥ 3.325   ⑩ $3\frac{21}{25}$ ⑭ $6\frac{1}{20}$

③ 0.05   ⑦ 4.625   ⑪ $\frac{23}{50}$ ⑮ $\frac{293}{1000}$

④ 0.68   ⑧ 2.3   ⑫ $\frac{3}{8}$ ⑯ $\frac{3}{4}$

7   p.76

① 1.8   ⑤ 2.15   ⑨ $3\frac{3}{5}$ ⑬ $\frac{2}{25}$

② 0.24   ⑥ 0.34   ⑩ $\frac{27}{50}$ ⑭ $4\frac{8}{25}$

③ 0.63   ⑦ 0.545   ⑪ $6\frac{3}{4}$ ⑮ $\frac{103}{500}$

④ 1.708   ⑧ 0.021   ⑫ $\frac{81}{125}$ ⑯ $3\frac{91}{1000}$

8   p.77

① 0.492   ⑤ 0.819   ⑨ $4\frac{9}{100}$ ⑬ $\frac{23}{25}$

② 0.35   ⑥ 4.295   ⑩ $3\frac{1}{2}$ ⑭ $\frac{1}{4}$

③ 0.734   ⑦ 3.04   ⑪ $\frac{21}{500}$ ⑮ $\frac{171}{250}$

④ 0.42   ⑧ 2.264   ⑫ $6\frac{7}{25}$ ⑯ $3\frac{307}{1000}$

(소수)×(자연수), (자연수)×(소수)

1   p.79

① 2.4   ⑤ 3.6   ⑨ 15

② 12.8   ⑥ 94.6   ⑩ 151.2

③ 15.64   ⑦ 140.36   ⑪ 114.41

④ 7.4   ⑧ 21.98   ⑫ 177.58

2   p.80

① 5   ⑤ 7.5   ⑨ 7.3   ⑬ 59.2

② 361   ⑥ 33.6   ⑩ 2.06   ⑭ 97.5

③ 724   ⑦ 116.53   ⑪ 0.523   ⑮ 53.58

④ 14.4   ⑧ 25.08   ⑫ 3.2   ⑯ 146.88

3   p.81

① 4.2   ⑤ 15.2   ⑨ 25.8

② 14   ⑥ 110.7   ⑩ 286.2

③ 15.75   ⑦ 128.02   ⑪ 118.75

④ 28.32   ⑧ 42.88   ⑫ 247.52

4   p.82

① 13.5   ⑤ 2.1   ⑨ 23.7   ⑬ 44.8

② 428   ⑥ 38.4   ⑩ 4.89   ⑭ 365.5

③ 6527   ⑦ 131.75   ⑪ 0.543   ⑮ 163.45

④ 153.7   ⑧ 27.26   ⑫ 4.5   ⑯ 179.48

5   p.83

① 4.8   ⑤ 20.8   ⑨ 45.5

② 39.2   ⑥ 166.6   ⑩ 277.4

③ 27.2   ⑦ 221.54   ⑪ 380.23

④ 43.76   ⑧ 61.88   ⑫ 273.05

6   p.84

① 7   ⑤ 22.2   ⑨ 8.2   ⑬ 35.7

② 262   ⑥ 100.8   ⑩ 6.39   ⑭ 147.2

③ 7830   ⑦ 25.65   ⑪ 0.045   ⑮ 21.08

④ 23.2   ⑧ 114.12   ⑫ 18.4   ⑯ 200.76

7   p.85

① 7.2   ⑤ 43.2   ⑨ 77.4

② 37.6   ⑥ 339.2   ⑩ 235.6

③ 44.84   ⑦ 273.05   ⑪ 553.42

④ 68.76   ⑧ 277.02   ⑫ 479.6

8   p.86

① 0.8   ⑤ 8.1   ⑨ 32.1   ⑬ 28.8

② 249   ⑥ 225.7   ⑩ 8.56   ⑭ 56.7

③ 4850   ⑦ 47.16   ⑪ 0.097   ⑮ 38.64

④ 99.6   ⑧ 17.02   ⑫ 30.1   ⑯ 105.12

 **(소수)×(소수)**

1

p.88

① 0.15   ⑤ 0.36   ⑨ 0.328

② 0.72   ⑥ 2.15   ⑩ 0.288

③ 0.161   ⑦ 0.3328   ⑪ 3.675

④ 1.532   ⑧ 2.622   ⑫ 2.4384

2

p.89

① 0.28   ⑤ 0.7776   ⑨ 0.192   ⑬ 0.48

② 1.981   ⑥ 1.872   ⑩ 0.41   ⑭ 1.33

③ 0.162   ⑦ 0.0962   ⑪ 0.045   ⑮ 0.166

④ 2.52   ⑧ 0.644   ⑫ 4.5732   ⑯ 0.0855

3

p.90

① 1.44   ⑤ 3.44   ⑨ 2.384

② 8.16   ⑥ 10.15   ⑩ 2.852

③ 2.244   ⑦ 1.1316   ⑪ 19.608

④ 6.048   ⑧ 27.135   ⑫ 20.5616

4

p.91

① 2.1   ⑤ 4.862   ⑨ 13.888   ⑬ 2.592

② 3.245   ⑥ 12.48   ⑩ 1.6985   ⑭ 27.448

③ 14.88   ⑦ 21.814   ⑪ 5.968   ⑮ 7.6782

④ 3.744   ⑧ 2.3014   ⑫ 1.3344   ⑯ 3.92

5

p.92

① 0.342   ⑤ 0.684   ⑨ 0.72

② 0.406   ⑥ 0.632   ⑩ 3.87

③ 1.575   ⑦ 3.648   ⑪ 0.1424

④ 2.712   ⑧ 4.5474   ⑫ 5.334

6

p.93

① 0.426   ⑤ 0.54   ⑨ 5.148   ⑬ 0.644

② 0.5162   ⑥ 0.4192   ⑩ 0.468   ⑭ 3.252

③ 0.56   ⑦ 4.8   ⑪ 0.2812   ⑮ 2.1024

④ 6.142   ⑧ 0.672   ⑫ 5.0148   ⑯ 4.338

7

p.94

① 3.682   ⑤ 6.147   ⑨ 8.04

② 12.18   ⑥ 28.251   ⑩ 54.72

③ 1.274   ⑦ 4.176   ⑪ 9.5067

④ 20.008   ⑧ 39.6625   ⑫ 74.7192

8

p.95

① 4.482   ⑤ 12.915   ⑨ 3.792   ⑬ 14.768

② 4.752   ⑥ 29.89   ⑩ 9.3052   ⑭ 63.123

③ 5.88   ⑦ 77.84   ⑪ 21.402   ⑮ 11.35

④ 4.329   ⑧ 6.1425   ⑫ 51.134   ⑯ 6.1246

5-A p.98

① $3\frac{1}{3}$ ⑤ $1\frac{5}{6}$ ⑧ $43\frac{3}{4}$

② $5\frac{1}{3}$ ⑥ $\frac{5}{8}$ ⑨ $4\frac{1}{2}$

③ 36 ⑦ $\frac{1}{30}$ ⑩ $1\frac{11}{25}$

④ $3\frac{3}{4}$

5-B p.99

① $37\frac{4}{5}$ ⑤ 66 ⑧ $\frac{5}{6}$

② $13\frac{1}{3}$ ⑥ $2\frac{1}{4}$ ⑨ $1\frac{1}{5}$

③ 162 ⑦ $14\frac{2}{5}$ ⑩ $101\frac{1}{4}$

④ $57\frac{3}{4}$

6-A p.100

① 0.325 ⑤ 0.2 ⑨ $4\frac{7}{10}$ ⑬ $\frac{17}{20}$

② 0.592 ⑥ 1.68 ⑩ $\frac{33}{50}$ ⑭ $2\frac{9}{125}$

③ 1.38 ⑦ 0.75 ⑪ $3\frac{91}{100}$ ⑮ $\frac{5}{8}$

④ 0.875 ⑧ 1.042 ⑫ $\frac{31}{250}$ ⑯ $\frac{2}{5}$

6-B p.101

① 0.675 ⑤ 4.05 ⑨ $4\frac{1}{4}$ ⑬ $3\frac{1}{125}$

② 0.345 ⑥ 5.19 ⑩ $2\frac{3}{5}$ ⑭ $\frac{749}{1000}$

③ 0.372 ⑦ 6.5 ⑪ $\frac{3}{8}$

④ 0.7 ⑧ $\frac{3}{100}$ ⑫ $\frac{43}{50}$

7-A
p.102

① 3.5　　⑤ 58.8　　⑨ 23.4

② 19.2　　⑥ 155.8　　⑩ 408.8

③ 230.12　　⑦ 404.92　　⑪ 31.45

④ 24.43　　⑧ 597.87　　⑫ 187.74

7-B
p.103

① 6250　　⑥ 14.28　　⑪ 5.6

② 1280　　⑦ 337.68　　⑫ 253.5

③ 0.6　　⑧ 0.74　　⑬ 55.68

④ 30.4　　⑨ 0.596　　⑭ 198.24

⑤ 145　　⑩ 9.13

8-A
p.104

① 0.49　　⑤ 1.008　　⑨ 3.486

② 0.567　　⑥ 133.01　　⑩ 0.38

③ 8.3352　　⑦ 12.825　　⑪ 0.0378

④ 39.1287　　⑧ 54.3222　　⑫ 41.124

8-B
p.105

① 0.18　　⑥ 2.442　　⑪ 97.278

② 0.234　　⑦ 4.292　　⑫ 1.6488

③ 2.768　　⑧ 4.38　　⑬ 5.2461

④ 12.92　　⑨ 6.7774　　⑭ 21.84

⑤ 0.672　　⑩ 3.645

Memo

Memo

Memo

넥서스에듀 홈페이지에서 제공하는 **계산 끝 진단평가**를 통해
여러분의 실력에 꼭 맞는 계산 끝 교재를 찾을 수 있습니다.

동영상 강의 +
문제풀이 과정

www.nexusEDU.kr/math

기초수학 초등 4학년

7권	자연수의 곱셈과 나눗셈 고급	8권	분수와 소수의 덧셈과 뺄셈 초급
1	(몇백)×(몇십)	1	분모가 같은 (진분수)±(진분수)
2	(몇백)×(몇십몇)	2	합이 가분수가 되는 (진분수)+(진분수) / (자연수)−(진분수)
3	(세 자리 수)×(두 자리 수)	3	분모가 같은 (대분수)+(대분수)
4	나누어떨어지는 (두 자리 수)÷(두 자리 수)	4	분모가 같은 (대분수)−(대분수)
5	나누어떨어지지 않는 (두 자리 수)÷(두 자리 수)	5	자릿수가 같은 (소수)+(소수)
6	몫이 한 자리 수인 (세 자리 수)÷(두 자리 수)	6	자릿수가 다른 (소수)+(소수)
7	몫이 두 자리 수인 (세 자리 수)÷(두 자리 수)	7	자릿수가 같은 (소수)−(소수)
8	세 자리 수 나눗셈 종합	8	자릿수가 다른 (소수)−(소수)

기초수학 초등 5학년

9권	자연수의 혼합 계산 / 약수와 배수 / 분수의 덧셈과 뺄셈 중급	10권	분수와 소수의 곱셈
1	자연수의 혼합 계산 ①	1	(분수)×(자연수), (자연수)×(분수)
2	자연수의 혼합 계산 ②	2	진분수와 가분수의 곱셈
3	공약수와 최대공약수	3	대분수가 있는 분수의 곱셈
4	공배수와 최소공배수	4	세 분수의 곱셈
5	약분	5	두 분수와 자연수의 곱셈
6	통분	6	분수를 소수로, 소수를 분수로 나타내기
7	분모가 다른 (진분수)±(진분수)	7	(소수)×(자연수), (자연수)×(소수)
8	분모가 다른 (대분수)±(대분수)	8	(소수)×(소수)

기초수학 초등 6학년

11권	분수와 소수의 나눗셈 (1) / 비와 비율	12권	분수와 소수의 나눗셈 (2) / 비례식
1	(자연수)÷(자연수), (진분수)÷(자연수)	1	분모가 다른 (진분수)÷(진분수)
2	(가분수)÷(자연수), (대분수)÷(자연수)	2	분모가 다른 (대분수)÷(대분수), (대분수)÷(진분수)
3	(자연수)÷(분수)	3	자릿수가 같은 (소수)÷(소수)
4	분모가 같은 (진분수)÷(진분수)	4	자릿수가 다른 (소수)÷(소수)
5	분모가 같은 (대분수)÷(대분수)	5	가장 간단한 자연수의 비로 나타내기 ①
6	나누어떨어지는 (소수)÷(자연수)	6	가장 간단한 자연수의 비로 나타내기 ②
7	나누어떨어지지 않는 (소수)÷(자연수)	7	비례식
8	비와 비율	8	비례배분

MATH

초등필수 영단어 시리즈

1 단어와 이미지가
함께 머릿속에!

2 패턴 연습으로
문장까지 쏙쏙 암기

3 다양한 게임으로
공부와 재미를 한 번에

4 단어 고르기와
빈칸 채우기로 복습!

5 책 속의 워크북
쓰기 연습과
문제풀이로 마무리

초등필수 영단어 시리즈 [1~2학년] [3~4학년] [5~6학년] 초등교재개발연구소 지음 | 192쪽 | 각 11,000원

초등필수 영단어로
쉽게 배우는

초등필수 영문법+쓰기

창의력 향상
워크북이
들어 있어요!

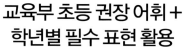

교육부 초등 권장 어휘 +
학년별 필수 표현 활용

★ "창의융합"과정을 반영한 **영문법+쓰기**

★ 초등필수 영단어를 활용한 **어휘탄탄**

★ 핵심 문법의 기본을 탄탄하게 잡아주는 **기초탄탄+기본탄**

★ 기초 영문법을 통해 문장을 배워가는 **실력탄탄+영작탄탄**

★ 창의적 활동으로 응용력을 키워주는 **응용탄탄**
(퍼즐, 미로 찾기, 도형 맞추기, 그림 보고 어휘 추측하기 등)

초등필수 영문법 + 쓰기 시리즈 **1권** 넥서스영어교육연구소 지음 | 236쪽 | 12,000원 **2권** 넥서스영어교육연구소 지음 | 212쪽 | 12,000원